Thorsten Hesse

So nutzen Sie die Digitalisierung für Ihr Unternehmen

3. Auflage

Ein Ratgeber für die Umsetzung der Digitalisierung in kleinen und mittleren Unternehmen (KMU)

So nutzen Sie die Digitalisierung für Ihr Unternehmen, 3. Auflage

ISBN: 978-3-96276-124-0

Verlag: DATEV eG, 90329 Nürnberg

Stand: Juni 2024

Art.-Nr.: 35872/2024-06-01

Titelbild: © MH – www.stock.adobe.com

Druck: C.H.Beck, 86720 Nördlingen (Druck)

Auch als E-Book erhältlich unter ISBN: 978-3-96276-125-7

Weitere Informationen erhalten Sie bei Ihrer Steuerberaterin oder Ihrem Steuerberater sowie unter: *go.datev.de/unternehmen*

Thorsten Hesse

studierte Betriebswirtschaftslehre an der Fachhochschule Frankfurt mit Schwerpunkt Marketing. Seinen ersten beruflichen Stationen im Marketing und Vertrieb sowie in der Unternehmensberatung folgte 1994 der Wechsel zur DATEV eG. Nachdem Herr Hesse mehrere Jahre in der Digitalisierungs- und Softwareberatung für Kanzleien und Unternehmen tätig war, unterstützt er seit 2012 als Coach, Referent und als Lehrbeauftragter an der Hochschule München junge Steuerberater und potentielle Unternehmensgründer bei der Entwicklung von Geschäftsideen und deren Umsetzung in Geschäftsmodelle und Businesspläne. Seine Arbeitsschwerpunkte sind die Strategieentwicklung, das (Dienstleistungs-)Marketing und die Digitalisierung.

Herr Hesse hält regelmäßig Impulsvorträge bei Berufsverbänden und Hochschulen. Neben seiner Buchautorentätigkeit schreibt er immer wieder Artikel für Fachmagazine.

Hinweis

In dieser Publikation wird aus Gründen der besseren Lesbarkeit in der Regel das generische Maskulinum verwendet. Die verwendete Sprachform bezieht sich auf alle Menschen, hat ausschließlich redaktionelle Gründe und ist wertneutral.

Danksagung

In den letzten Monaten haben mich einige Menschen begleitet, ohne die dieses Buch nie hätte entstehen können. Zunächst einmal gilt mein Dank unserem Verlag, vor allem unserem Verlagsleiter Christian Bock und meiner Lektorin Anke Kolb-Leistner für das Vertrauen und die gelungene Umsetzung. Außerdem möchte ich besonders bei StB Dr. Thomas Späth von der Kanzlei Späth KG Steuerberatungsgesellschaft für seine Anregungen bei der inhaltlichen Gestaltung und seiner fachlichen Würdigung bedanken.

Bei meinen Recherchen durfte ich eine ganze Reihe von Unternehmern kennen lernen, die entweder in Eigenregie oder mit Unterstützung ihres steuerlichen Beraters die Facetten der Digitalisierung bereits erfolgreich für sich nutzen. Mit der Vermittlung von interessanten Kontakten, der Entwicklung des im Buch beschriebenen Vorgehensmodells und weiteren fachlichen Impulsen waren mir Michael Schwienbacher und Michael Lobmeier von Schwienbacher & Partner, Michaela Heimpel von der Handwerkskammer für Oberfranken, StB Florian Gössmann-Schmitt und Frau Sabina Ochmann von der Hahn Gößmann Schmitt PartG mbB sowie Markus Lötzsch von der IHK Mittelfranken hilfreich. Auch Ihnen gilt abschließend mein Dank.

Vorwort

Digitalisierung ist disruptiv. Es besteht die Gefahr, dass derjenige, der sein Unternehmen nicht an den Fortschritt anpasst, vom Markt verschwindet. Waren es bei der Industrialisierung die Stellmacherei und andere einzelne Berufe, die in der Bedeutungslosigkeit verschwanden, vermutet man durch die Digitalisierung noch umfassendere Umwälzungen.

Die großen Unternehmen stellen daher erhebliche Ressourcen bereit, sich mit den Veränderungen zu beschäftigen, um zukünftig Chancen am Markt zu haben. Dabei werden sie von Beratern und Experten unterstützt.

Die kleinen Unternehmen haben diese Möglichkeiten oft nicht, stehen aber vor dem gleichen Problem. Wollen sie nachhaltig erfolgreich sein, müssen sie sich mit den Veränderungen durch die Digitalisierung beschäftigen.

Doch wo anfangen und wo aufhören? Ihnen stehen nicht eine ganze Heerschar von Experten für diesen Transformationsprozess zur Verfügung.

Vorliegendes Buch systematisiert diese Mammut-Aufgabe und entwickelt Werkzeuge, die auch für kleine Unternehmen geeignet sind.

Jedes Unternehmen muss seinen Weg in das neue Zeitalter zwar alleine finden, aber der Leser bekommt wichtige Orientierungspunkte.

Dabei versäumt es Herr Hesse nicht, auf die Fallen und Gefahren auf dieser Reise hinzuweisen.

Es ist in meinen Augen eine Schatzkarte für Ihren weiteren Erfolg.

Damit Sie Ihr Ziel erreichen, müssen Sie losfahren.

Nur weil Sie ein Auto und eine Karte haben, werden Sie Ihr Ziel nicht erreichen.

Sie müssen dorthin immer noch selbst fahren. Viel Glück auf diesem Weg!

Bogen, im April 2024 — StB Dr. Thomas Späth

Download-Hinweis

Die mit diesem Symbol gekennzeichneten Dokumente erhalten Sie in digitaler Form unter *go.datev.de/digi-kmu*.

Der Inhalt im Überblick

1 Warum schon wieder ein Buch zur Digitalisierung?

April 2018:

Genau diese Frage habe ich mir vor einigen Monaten gestellt, als mich der Leiter unseres hauseigenen Verlags informierte, dass er gerne ein Buch zur Digitalisierung bei kleinen und mittelständischen Unternehmen (KMU) herausgeben möchte und fragte, ob ich Interesse hätte, dieses zu schreiben. Die Digitalisierung, das aktuelle Megathema, über das momentan jeder redet und man ständig in den Zeitungen liest. Dazu gibt es doch eigentlich schon Informationen und Literatur in Hülle und Fülle, aber helfen die auch KMU? Manchmal ja, meistens eher nicht, so das Ergebnis meiner ersten Bestandsaufnahme. Und damit war dann auch die Entscheidung für das Buchprojekt gefallen.

Zumal ich mich seit über vier Jahren intensiv mit der Digitalisierung bei Steuerberatern und deren mittelständischen Mandanten beschäftige, Fachliteratur und Studien analysiere, mir Vorträge anhöre und im Internet recherchiere. Die zentralen Botschaften dabei sind häufig negativ, schüren Ängste und wiederholen sich gebetsmühlenartig. Wie beispielsweise, dass die Welt sich rasant verändert, dass in den nächsten zwanzig Jahren jeder zweite Job wegfallen könnte,[1] sich Dinge nicht mehr linear, sondern progressiv entwickeln. Neue Technologien wirken „disruptiv" und

---

[1] The future of employment: How susceptible are jobs to computerisation? Oxford University 9/2013

wer jetzt nicht handelt, der ist in kurzer Zeit mit seinem Unternehmen vom Markt verschwunden. Und dass die Digitalisierung zu Deutschlands Schicksalsfrage wird.[2]

Die passenden Ratschläge gibt es dann noch oben drauf und lauten beispielsweise:

- Stellen Sie ein Digitalteam auf, das aus möglichst vielen Bereichen Ihres Unternehmens kommt.
- Kooperieren Sie mit Start-ups.[3]
- Investieren Sie in die eigenen Kannibalen.
- Gründen Sie Zentren für Disruption um neue Konzepte zu erschaffen.
- Bauen Sie „minimal viable products".[4] [5]

Nur – welches KMU versteht solche Ansätze und kann diese auch in die Tat umsetzen? Vielleicht noch die größeren KMU – gemäß Definition des Statistischen Bundesamts sind dies Unternehmen mit bis zu 249 Mitarbeitern und einem Jahresumsatz von bis zu 50 Mio. Euro. Aber für die sogenannten „Kleinstunternehmen" mit bis zu 9 Mitarbeitern und bis 2 Mio. Euro Umsatz sowie den „kleinen Unternehmen" mit bis zu 49 Mitarbeitern und bis 10 Mio. Euro Umsatz sind die gut gemeinten Ratschläge

---

[2] Berg, Achim: Interview in Passauer Neue Presse vom 05.02.2018

[3] Bitkom, In 10 Schritten digital – ein Praxisleitfaden für Mittelständler, 2017, *https://t1p.de/og92q*, letzter Zugriff 05.05.2024

[4] Vgl. Keese, Christoph: Silicon Germany

[5] „Minimal viable product" heißt übersetzt minimal überlebensfähiges Produkt und steht dafür neue Produkte schnell und einfach umzusetzen und zeitnah ein Feedback vom Markt zu bekommen

unverständlich oder schlichtweg nicht anwendbar. Geht die Digitalisierung an diesen Unternehmen – immerhin gibt es davon in Deutschland 1,95 Mio. Kleinstunternehmen und 372.000 Kleinunternehmen[6] – vorbei? Mit welchen Rezepten können kleine Unternehmen der Digitalisierung begegnen?

Mit diesem Buch möchte ich vor allem Inhaber kleiner KMU, sowie deren Steuerberater, die ihre Mandanten bei der Digitalisierung als Coach begleiten, dabei unterstützen, sich strukturiert mit der Digitalisierung und ihren Auswirkungen auf Ihr Unternehmen zu beschäftigen. Es soll als Rat- und Ideengeber dienen, ein Chancen-Bewusstmacher sein. Ich möchte Ihnen außerdem ein pragmatisches Vorgehensmodell vorstellen, das ich entwickelt und gemeinsam mit Steuerberatern und deren Mandanten verprobt habe. Zudem lernen Sie eine ganze Reihe von kleinen Unternehmen kennen, die aufzeigen, wie die Digitalisierung in der Praxis funktionieren kann und welche positiven Effekte dabei erzielt werden. Tolle Beispiele, die Mut machen „das Heft in die Hand zu nehmen". Warten Sie nicht und legen Sie los. Jetzt! Sie werden sehen, dass die Digitalisierung auch Ihr Unternehmen voranbringen kann.

April 2021

Mittlerweile sind drei Jahre vergangen, es ist März 2021. Und seit mehr als einem Jahr bestimmt ein Thema unser privates und geschäftliches Handeln, wie nie zuvor. Corona. Nie zuvor wurden uns unsere Defizite in Sachen Digitalisierung so deutlich gemacht. Vom Brennglas ist regelmäßig die Rede, aber auch vom Digitalisierungskatalysator. Achim Berg, Präsident des Bitkom konstatiert folgerichtig, die „Krise ist ein Weckruf,

---

[6] Statistisches Bundesamt, *destatis.de*

die Digitalisierung nun massiv voranzutreiben. Wir haben uns in der Vergangenheit zu viel Zeit bei der Digitalisierung gelassen."[7] Handlungsbedarf sieht Berg dabei vor allem bei kleinen und mittelständischen Unternehmen (KMU).

Ich persönlich teile einerseits die Einschätzung, dass insgesamt betrachtet noch viel Luft nach oben ist. Andererseits lohnt sich auch ein differenzierter Blick auf die Lage im Mittelstand, wo sich das Bemühen zur Erreichung eines höheren digitalen Reifegrads in drei Cluster beschreiben lässt.

Erstens: Da sind die Mittelständler, deren Einstellung und Haltung geprägt ist von **abwarten, zögern oder bewahren**. Einmal sind es die Kunden, die sich gegen digitale Arbeitsweisen sperren, dann sind es die Mitarbeiter. Und selbst bleibt man auch lieber beim Altbewährten. Einer meiner Interviewpartner beim Schreiben der 2. Auflage bezeichnet diese Unternehmen auch als „Umsetzungsmaschinen", die keine Notwendigkeit sehen, Prozesse und Geschäftsmodelle weiterzuentwickeln. Es läuft doch auch so, irgendwie.

Zweitens: Erfreulicherweise haben sich in den letzten Jahren immer mehr KMUs in Sachen Digitalisierung **auf den Weg gemacht** und ernten jetzt die ersten Früchte. So berichtete mir eine Steuerberatungskanzlei, die aufgrund ihres hohen Digitalisierungsgrads von einem auf den anderen Tag in der Lage war, allen Mitarbeitern das Arbeiten vom Homeoffice aus zu ermöglichen. Oder ein Garten- und Landschaftsbauer der den Rechnungseingangsprozess komplett digital abwickelt und durch die Prozessverbesserung bares Geld spart (siehe *Kapitel 4.3.6*).

---

[7] *www.heise.de/newsticker/meldung/Bitkom-Corona-Krise-koennte-Digitalisierung-Deutschlands-vorantreiben-4694625.html*, letzter Zugriff 01.04.2021

Drittens: Zu guter Letzt gibt es auch **digitale Vorreiter**, die der Forderung von Achim Berg, eine „digitale Infrastruktur aufzubauen, Geschäftsprozesse umfassend zu digitalisieren und neue, digitale Geschäftsmodelle zu entwickeln"[8] gefolgt sind. KMUs, die vom Motto „Einfach mal machen" getragen werden und sich trauen, neue Wege zu gehen und beispielsweise neue digitale Lösungen einfach auch mal ausprobieren. So wie beispielsweise ein Malerbetrieb, der neue digitale Vertriebskanäle erschließt (siehe *Kapitel 4.2.5.*) oder das Pilates-Studio, das aufgrund der corona-bedingten Schließung Kurse online anbietet (*Kapitel 4.2.4*).

Bei meinen Recherchen für die 2. Auflage bin ich auf neue, inspirierende Beispiele und digitalaffine Unternehmer:innen gestoßen. Diese möchte ich mit Ihnen teilen und meinen Appell von vor drei Jahren erneuern: Warten Sie nicht und legen Sie los. Jetzt!

Und dazu passend eine weitere, aktuelle Einschätzung: „Die Zeiten haben sich geändert: Es geht nicht mehr darum, bei den Ersten zu sein, sondern zu verhindern, dass man zu den Letzten gehört. Hört auf abzuwarten. Es wird nur schlechter."[9]

Februar 2024

Nicht mal 30 Monate ist es her, dass ich dieses Werk in die 2. Auflage gebracht habe. Ein Virus war seinerzeit für viele Unternehmen der Auslöser für einen verstärkten Einsatz digitaler Lösungen. Und während ich mit meinen Kollegen aus unserem Verlag die Weichen für die 3. Auflage unseres Buches stelle, konstatieren wir einerseits, wie Videokonferenzen

---

[8] *www.heise.de/newsticker/meldung/Bitkom-Corona-Krise-koennte-Digitalisierung-Deutschlands-vorantreiben-4694625.html*, letzter Zugriff 01.04.2021

[9] Lotter, Wolf: Die Gunst der Stunde, in brandeins April 2021

sowie der Einsatz von Kollaborationswerkzeugen (z. B. Microsoft Teams) mittlerweile zur Normalität geworden sind. Andererseits haben wir neben der kontinuierlichen Weiterentwicklung digitaler Werkzeuge in den vergangenen Monaten vor allem eines erleben dürfen: Die Künstliche Intelligenz (KI) ist endgültig da! Sicherlich war es beeindruckend, wenn man an der Strandbar ein Lied hört und Dank der App Shazam sekundenschnell Titel und Interpret genannt bekommt – und so dem Urlaubserlebnis zur Dauer verhilft. Wie mächtig KI sein kann, sehen wir vor allem seit der Veröffentlichung von Chat GPT. Bereits im Januar 2023 nutzten mehr als 100 Millionen registrierte Nutzer – und das nachdem erst am 30.11.2022 Chat GPT 3.5 veröffentlicht wurde – die Möglichkeit beispielsweise Texte anhand von Stichworten zu erstellen und Dokumente zusammen zu fassen. Und seit der Version 4.0 eröffnen sich viele weitere Einsatzszenarien über sogenannte Plug-ins.

Zu den Auswirkungen von KI auf unsere Arbeitswelt wurde in den vergangenen Monaten intensiv geforscht und vor allem auch diskutiert. Wie so oft bei technologischen Quantensprüngen herrschen Ängste, dass auf einmal KI den eigenen Job ersetzt. Paradoxerweise erleben wir seit einigen Jahren eine zunehmende Verschärfung des Fachkräftemangel und KI könnte – zumindest partiell – zu einer spürbaren Entlastung beitragen. In einem kürzlich veröffentlichten LinkedIn-Post von Dr. Holger Schmitt[10] wird die Bedeutung von Künstlicher Intelligenz als Basistechnologie unserer Zeit hervorgehoben. Das Problem: Eine Umfrage des TÜV-Verbands zeigt, dass fast zwei Drittel der Deutschen Chat GPT nicht kennen oder nutzen. Und das, obwohl ein Großteil der deutschen Erwerbstätigen erwartet, dass KI in fünf Jahren eine bedeutende Rolle in ihrem Beruf spielen wird. Vielleicht suggeriert auch der genannte Zeitraum, dass wir

---

[10] LinkedIn, *https://t1p.de/tvsbm*

noch abwarten können. "Die KI ist noch nicht so weit", heißt es dann stereotyp und dann werden beispielhaft Verfehlungen aufgeführt, die genau das bestätigen. Während die einen noch mit der Nutzung warten oder zumindest zum Einstieg KI-Weiterbildungen in klassischen Seminarformaten besuchen wollen, sind andere schon in der intensiven Nutzung. Manchmal einfach durch simples Ausprobieren oder unter Zuhilfenahme von Video-Tutorials, beispielsweise auf Youtube oder LinkedIn Learning.

Viel zu häufig ist die Bereitschaft gering, sich auf das Neue einzulassen, Technologie den Chancen mehr Platz einzuräumen als den Risiken. Kürzlich berichtete mir der Inhaber eines mittelständischen Unternehmens er hätte sich "das mit der Digitalisierung überlegt" und entschieden, erst dann "mitzumachen" wenn es der Gesetzgeber fordert. Und auch hier gilt wieder: Während einzelne KMUs bereits Rechnungsausgangs- und Rechnungseingangsprozess digitalisiert haben und Zeit- und Kostenersparnisse realisieren, warten andere auf den Zwang des Gesetzgebers. Und der steht nun mit der Verabschiedung des Wachstumschancengesetzes fest, in dessen Rahmen auch die verbindliche Einführung der E-Rechnung enthalten ist und ab 2025 das Ende der Papierrechnung einleitet.

Und wie geht es nun weiter, mit der deutschen Wirtschaft und seinen vielen mittelständischen Unternehmen? Im Handelsblatt Morning Briefing vom 18.01.2024 heißt es hierzu: „Deutschland muss den Mangel an Arbeitskraft in den Griff kriegen, der schon jetzt unser Wachstum lähmt und sich durch die demografische Entwicklung weiter verschlimmern wird. Das kann einerseits gelingen, indem wir die weitgehend ungesteuerte Migration nach Deutschland zumindest teilweise durch gezielt angeworbene Fachkräfte ersetzen. Zusätzlich muss aber die Arbeitsproduktivität massiv steigen – vor allem im Dienstleistungsbereich. KI ist hier eine große Chance."

Genau diese Chancen haben Unternehmen genutzt, die ich bei meinen Recherchen zur dritten Auflage persönlich kennenlernen oder über Nachrichten und Fachpublikationen erfahren durfte. Die ihre digitalen Kompetenzen weiterentwickeln und Technologie nutzen, um Prozesse zu optimieren oder gar zu automatisieren und ihren Kunden einen besseren Service bieten. Alleine, oder mit Unterstützung von Initiativen des Bundes, Berufsorganisationen, manchmal sogar mit Fördermitteln. Und so hoffentlich andere Unternehmen begeistern, ihnen nachzuahmen. Am besten jetzt!

2 Was bedeutet Digitalisierung und warum sollten Sie sich damit beschäftigen?

2.1 Die Digitalisierung und ihre sach- und sinnverwandten Geschwister

Die Frequenz, mit der Begriffe rund um die Digitalisierung von Politikern, Journalisten, Wirtschaftsexperten und Unternehmen eingesetzt werden, ist in den letzten Jahren stetig gewachsen. Neben der Digitalisierung per se tauchen im gleichen Atemzug Begriffe wie die Digitale Transformation, Digitale Disruption sowie Sonstiges mit dem Anhängsel 4.0, beispielsweise Industrie 4.0, auf. Aber was verbirgt sich eigentlich genau hinter diesen Begriffen?

Mit **Digitalisierung** verbindet man häufig die Umwandlung von analogen und digitale Daten. Aber Digitalisierung ist viel mehr als das. Eine interessante Übersetzung habe ich kürzlich in der Zeitschrift brandeins gefunden: „Was unter dem – oft hohlen – Schlagwort der Digitalisierung gerade geschieht, ist nüchtern betrachtet nicht mehr als ein weiterer, wenngleich großer Schritt in der Geschichte der Automatisierung. Diese Automatisierung hat ein klares Ziel: Sie will monotone, schwere Arbeit, die aus Routinen aller Art besteht, durch Maschinen, Systeme und Prozesse ersetzen. Das ist im Grunde eine gute Idee. Man lagert Routinen aus und konzentriert sich aufs Wesentliche: aufs Denken, auf kreative Lösungen und individuelles Können. Die Reproduktionsarbeit, das Duplizieren gehört den Maschinen. Der Mensch hingegen wird zum Original."[11] So schön das klingt, die Auswirkungen auf unsere Arbeitswelt könnten durchaus dramatisch sein.

Hinweis

Auf Grundlage von Daten des Instituts für Arbeitsmarkt- und Berufsforschung (IAB) können Sie mit dem sogenannten Job-Futuromat[12] ermitteln, wie viel Prozent der Tätigkeiten eines Berufs heute bereits automatisierbar sind. Schauen Sie doch einfach mal für Ihre Branche, welche Werte hier ermittelt werden. Daraus lässt sich ableiten, wie gravierend die Auswirkungen der Digitalisierung für Ihr Unternehmen sein können.

Im Endeffekt nutzen wir Technik, um uns das Leben leichter zu machen, unsere „Produktionskosten" zu reduzieren und mehr Freiräume gewinnen. Die Digitalisierung jedoch nur aus Sicht unserer Prozesse und Arbeitsabläufe zu betrachten, wäre zu kurz gedacht. Deutliche Veränderungen machen sich bei unseren Kunden bemerkbar: Produkteigenschaften, Erfahrungen anderer Kunden bzw. „User" und natürlich auch Preise sind heute transparent – die Bereitschaft Anbieter zu wechseln groß, wie nie zuvor. Sie merken, das Thema ist durchaus vielschichtig und wir werden in *Kapitel 2.5 Die Disziplinen der Digitalisierung* weitere Dimensionen kennen lernen, in die Digitalisierung hineinwirkt. Die Entwicklung neuer Technologien hat in den letzten Jahren auch dazu beigetragen, dass

[11] Lotter, Wolf: Lassen wir das, in brandeins August 2017

[12] *job-futuromat.iab.de*, letzter Zugriff 11.12.2023

beispielsweise neue Geschäftsmodelle entstanden sind und etablierten Branchen das Leben schwer machen – bestes Beispiel ist hier der Einzelhandel, der massiv mit der Konkurrenz aus dem Internet zu kämpfen hat. Oder sie gar zerstört. Womit wir bei dem nächsten Begriff, der Digitalen Disruption wären. Der Begriff „Disruption" leitet sich von dem englischen Wort „disrupt" („stören", „unterbrechen")ab. Häufig spricht man auch von disruptiven Technologien, die mit „digitalen Innovationen bestehende Branchen auf den Kopf stellen."[13] Davon gibt es einige Beispiele in der Gegenwart, wie das Internet, Smartphones oder die Digitalfotografie. Und auch für die nahe Zukunft ist bereits absehbar, dass der 3D-Druck, Roboter und Künstliche Intelligenz unsere Lebens- und Arbeitswelt verändern werden.

Womit wir bei einem weiteren Schlagwort – neudeutsch „Buzz- word" wären: Industrie 4.0! In Anlehnung an die vierte industrielle Revolution soll das Zeitalter der „selbstorganisierten Produktion" möglich werden, in der Menschen, Maschinen, Anlagen, Logistik und Produkte miteinander kommunizieren.[14] In diesem Zusammenhang ist auch vom „Internet der Dinge" (IoT- Internet of Things) die Rede. Hierbei werden Geräte mit Sensoren ausgestattet und entsprechende Daten über das Internet versendet. Der Kühlschrank bestellt dann selbsttätig Milch und Butter, die Heizung informiert den Hersteller über Unregelmäßigkeiten und ordert automatisch einen Servicetechniker – alles samt Szenarien des cleveren Zuhauses, dem sogenannten „Smart Home".

---

[13] Meyer, Dr. Jens Uwe: Digitale Disruption, 2017 S. 12

[14] *de.wikipedia.org/wiki/Industrie_4.0*, letzter Zugriff 15.01.2018

Mittlerweile hat sich „4.0" massiv ausgebreitet und ist natürlich auch im Zusammenhang mit dem Mittelstand zu finden, beispielsweise über die Initiative des Bundesministeriums für Wirtschaft und Energie (BMWi) – Mittelstand 4.0. Und nahezu jede Branche erfindet sich derzeit ebenfalls neu.

Sie ahnen es schon: Immer mit dem Anhängsel 4.0, quasi stellvertretend für die neueste, aktuellste und beste Version eines Unternehmens. So unter anderem Bauen 4.0, Handel 4.0 oder gar die Commerzbank 4.0, die sich mittlerweile auch als Technologieunternehmen und nicht nur als Bank versteht.

Damit die neuen Möglichkeiten in Verbindung mit der Digitalisierung umgesetzt und genutzt werden bedarf es der (digitalen) Transformation, womit wir bei unserem letzten Begriff wären. Diese steht für den „durch digitale Technologien oder darauf beruhenden Kundenerwartungen ausgelöste Veränderungsprozess innerhalb eines Unternehmens".[15]

Klingt alles vernünftig, nur was ist nun das Neue dabei? Haben uns technische Neuerungen und damit einhergehende Veränderungen nicht schon unser ganzes Berufsleben begleitet? Ist das nur wieder alter Wein in neuen Schläuchen? Warum also dieser Hype um die Digitalisierung und warum wird diesem Thema eine solch hohe Bedeutung beigemessen?

Das Ganze hat mit Geschwindigkeit zu tun. Und zwar der Geschwindigkeit, mit der neue Technologien in den letzten Jahren in den Markt eingeführt wurden.

---

[15] *de.wikipedia.org/wiki/Digitale_Transformation*, letzter Zugriff 15.02.2018

Während es noch mehrere Jahrzehnte benötigte, bis beispielsweise die Bevölkerung flächendeckend mit Telefon, Autos oder Fernsehen ausgestattet wurde, haben sich Smartphones, Tablets oder soziale Netzwerke innerhalb weniger Jahre durchgesetzt (siehe nachfolgende Abbildung).

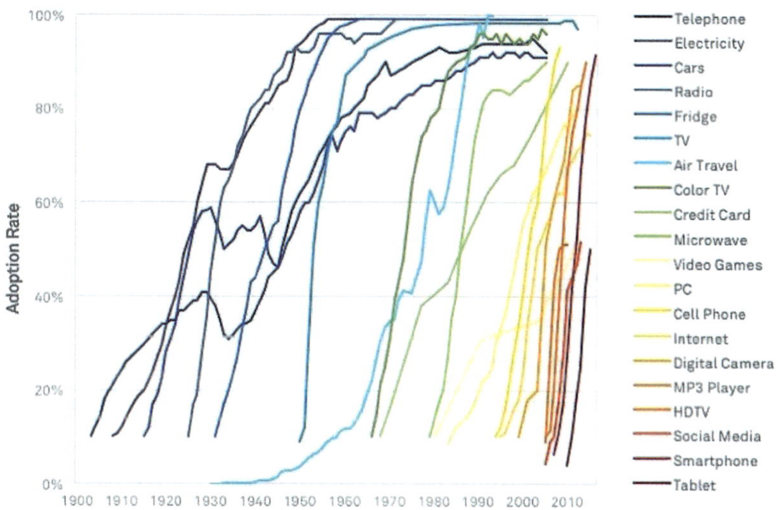

Abb.: Verbreitungsgeschwindigkeit neuer Technologien[16]

Das Tempo, in dem sich neue Technologien verbreiten, hat sich in der jüngsten Vergangenheit nochmal beschleunigt: Das derzeit prominenteste Beispiel hierfür ist ChatGPT von OpenAI, dass innerhalb von zwei Monaten die 100-Millionen-Nutzer-Marke übersprang.

---

[16] Horace Dediu, *www.asymco.com*

Und die durchaus realistischen Phantasien von selbstfahrenden Autos, Robotern, die Spülmaschinen ein- und ausräumen oder Pakete ausliefern oder Künstlichen Intelligenzen, die automatisch unsere Buchführung erstellen, lassen erahnen, dass in den nächsten Jahren noch so einiges auf uns – und sicherlich auch auf Sie und Ihr Unternehmen – zukommen wird.

2.2 Über den Frosch zur Bedeutung der Digitalisierung

Vielleicht haben Sie die bisherigen Ausführungen bereits überzeugt, sich aktiv mit dem Thema Digitalisierung auseinanderzusetzen. Falls nicht, dann sensibilisiert Sie vielleicht die nachfolgende Geschichte. Vor einigen Jahren hatte ich Gelegenheit einen Vortrag des Zukunftsforschers Lars Thomsen mit dem Titel „520 Wochen Zukunft"[17], zu hören, in dem er über ein makabres Experiment mit dem Titel das „Dilemma des Frosches" (The Boiling Frog Dilemma") berichtet. In der ersten Variante des Experiments wird eine Schale mit rund 80 Grad heißem Wasser befüllt. Anschließend wird ein Frosch hineingeworfen. Was passiert? Der Frosch springt im Regelfall sofort wieder hinaus, erleidet vielleicht einen kleinen Schock und Verbrühungen, aber wird sich weiter eines schönen Lebens erfreuen. Bei der zweiten Variante des Experiments wird die Schale zunächst mit handwarmen Wasser gefüllt. Wieder wird der Frosch hineingesetzt, aber da Wassertemperatur angenehm ist, macht er es sich in seinem kleinen Bad gemütlich. Das ändert sich auch nicht, als die Temperatur allmählich erhöht wird. Bis zu einer Wassertemperatur von 42 Grad. Jetzt wäre der

---

[17] Thomsen, Lars: 520 Wochen Zukunft, *youtube.com/watch?v=sHsPyymMZ4s*, letzter Zugriff 22.02.2018

Zeitpunkt zum Ausstieg gekommen, denn im Blut des Frosches flocken die Eiweißmoleküle aus. Sie werden es vielleicht schon ahnen, aber in sieben von zehn Fällen schafft der Frosch den Ausstieg nicht mehr.

Vielleicht fragen Sie sich jetzt, was das mit unserem Thema zu tun hat. Eine ganze Menge, denn Ihr Unternehmen ist ebenfalls einem Umfeld ausgesetzt, das sich – so wie die Wassertemperatur bei dem Froschexperiment – schleichend verändert. Die sogenannte „Digitale Disruption", die eine komplette Veränderung oder gar Zerstörung bestehender Branchen beschreibt, kommt selten von heute auf morgen. Amazon hat das Einkaufen und damit die Einzelhandelsbranche bereits deutlich verändert. Gegründet wurde Amazon aber bereits 1994 und am Anfang konnte man auch nur Bücher bestellen. Die gute Nachricht daran ist, dass wir immer Zeit zum Reagieren haben – auch wenn die, wie wir eben gehört haben, tendenziell weniger wird.

Hinweis:

Beobachten Sie regelmäßig Ihr Umfeld, bestehend aus Ihrem Markt, den Wettbewerbern, den technologischen Entwicklungen und würdigen Sie diese kritisch. Stellen Sie sich dabei die Frage, ob jetzt der richtige Zeitpunkt für eine notwendige Veränderung ist – um in Analogie zu unserem Experiment aus dem Becken herauszuspringen.

Im Grunde geht nämlich es gar nicht um die Digitalisierung als solches, sondern um das Gestalten von Veränderungen. Veränderungen, die uns helfen uns im digitalen Zeitalter gut aufzustellen, die passenden Strategien zu entwickeln und dazugehörige Maßnahmen umzusetzen. Und wofür? Damit Ihr Unternehmen auch in zwei, fünf oder zehn Jahren noch erfolgreich am Markt besteht. Um nichts mehr geht es, wenn heute von der Digitalisierung gesprochen wird. Wie sagt der italienische Schriftsteller Giuseppe Tomasi di Lampedusa passend dazu: „Wenn wir wollen, dass alles so bleibt wie es ist, dann ist es nötig, dass alles sich verändert."

2.3 Was machen digitale Geschäftsmodelle mit dem Mittelstand?

Immer wieder ist in Verbindung mit der Digitalisierung von sogenannten Geschäftsmodellen die Rede. Womit sich zunächst einmal die Frage ergibt, was überhaupt ein Geschäftsmodell ist. Alexander Osterwalder, Erfinder des Business Model Canvas, einem einfachen Modell zur Entwicklung eines Geschäftsmodells, definiert dies als „das Grundprinzip, nach dem eine Organisation Werte schafft, vermittelt und erfasst".[18] Mit anderen Worten könnte man auch sagen, dass ein Geschäftsmodell die Art und Weise beschreibt, wie wir mit unserem Unternehmen Geld verdienen. Und genau das hat sich in den letzten Jahren im Zuge des Internets, größerer Bandbreiten und intelligenter Endgeräten wie Smartphones und Tablets zum Teil massiv geändert. Prominente Beispiele, die regelmäßig in diesem Zusammenhang erwähnt werden sind Uber und AirBnB als Plattform, über die Fahrdienste und Übernachtungen gebucht werden können. Oder auch, um ein deutsches Beispiel zu nennen, Flixbus

[18] Osterwalder, Pigneur: Business Model Generation, 2011, S. 18

als Marktführer bei Busunternehmen. Wobei das Unternehmen selbst gar keine eigenen Busse besitzt, sondern die Ressourcen von Subunternehmen nutzt und diese über seine Plattform bereitstellt. Das Ganze nennt man dann Plattformökonomie und diese Art von Geschäftsmodell hat Alphabet (Mutterkonzern von Google), Amazon und Facebook in die Top 10 der derzeit wertvollsten Unternehmen der Welt gebracht.[19]

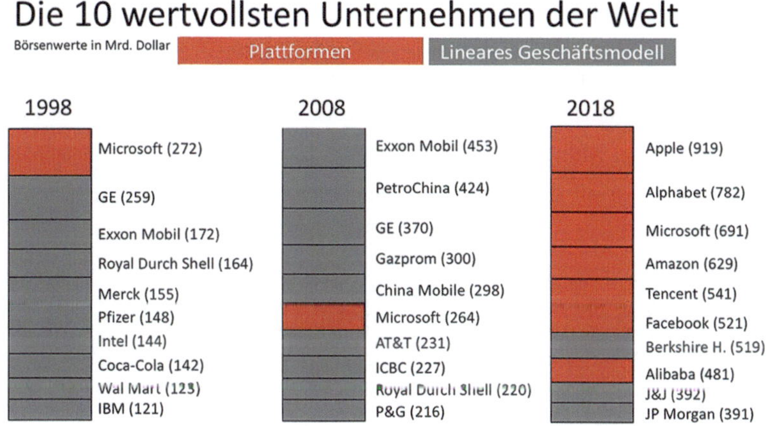

© Dr. Holger Schmidt, *netzoekonom.de*

Eine Branche mit vielen mittelständischen Betrieben, bei der – in Analogie zu unseren Froschexperiment – die Temperatur schon vor einigen Jahren unangenehm heiß wurde, ist die Druckereibranche. Der Digitaldruck und die neuen Geschäftsmodelle der Internetdruckereien haben der einen oder anderen Druckerei die Existenz gekostet. Andere sind rechtzeitig

---

[19] Gressler, Günter: Verschlafen deutsche Unternehmen gerade einen Trend?, 02.06.2017 *welt.de*, *https://t1p.de/ltw3*, letzter Zugriff 22.02.2018

„aus dem Bad gesprungen" und haben ihr Geschäftsmodell angepasst, beispielsweise durch Spezialisierung und den Ausbau von Serviceleistungen. Aber auch andere Branchen werden in den nächsten Jahren unter Druck geraten. Exemplarisch möchte ich Ihnen drei Branchen vorstellen, deren Geschäftsmodelle sich unter dem Einfluss technologischer Entwicklungen verändern werden:

Beratungsbranche

Vor etwas mehr als zwei Jahren habe ich ein interessantes Interview mit dem Zukunftsforscher Sven Gábor Jánszky gehört,[20] in dem er prognostiziert, dass Menschen zukünftig ihre Geräte fragen werden. Was zum Problem für all die Berufsgruppen wird, die einmal gelerntes Wissen verkaufen. Exemplarisch nennt er Steuerberater und Rechtsanwälte, gleiches gilt aber auch für Unternehmensberater. Reines Faktenwissen und analytisches Know-how werden ersetzbar[21] und bedrohen damit die Geschäftsmodelle der Beraterzunft. Schon heute nutzen Beratungssuchende Google und YouTube und sparen sich damit die eine oder andere kostenpflichtige Beratung. Zukünftig werden sich Arbeitsprozesse, die in Routinen und Mustern funktionieren, über Künstliche Intelligenz (KI) abbilden lassen. Insbesondere in der Rechtsberatung haben sich bereits Plattformen etabliert – Stichwort Legal Tech – und bieten standardisierbare Rechtsdienstleistungen an. Wie zum Beispiel flightright.de, die ihre Mandanten vertreten, wenn es bei Ihrem Flug zu Verspätungen oder Ausfällen kommt.

---

[20] Podcastquelle: ARD Mediathek, Bayern 3 Podcast „Mensch Otto!" vom 27.10.2015

[21] Meyer, Dr. Jens Uwe: Digitale Disruption, 2017, S. 123

Nach Legal Tech folgt nun Tax Tech und versucht auch im steuerlichen Bereich den Menschen durch die Maschine zu ersetzen. In den USA ist bereits in einem größeren Steuerberatungsunternehmen die Watson-Technologie von IBM im Einsatz und unterstützt mit 74.000 Seiten Steuerrecht im Bauch bei der Erstellung der Steuererklärung.

Baubranche

Die Baubranche steht aktuell mit der Digitalisierung ganz am Anfang. Unter dem Stichwort Bauen 4.0 wird die „Bauwirtschaft künftig so vernetzt agieren wie es heute bereits die Automobilbranche tut".[22]

Häuser werden sich zukünftig online konfigurieren lassen, über 3D-Modelle werden die nötigen Teile bestellt oder vorfabriziert angeliefert, statt sie händisch vor Ort anzufertigen. Roboter werden zu weiteren Effizienzsteigerungen führen. Die Fastbrick Robotics Limited aus Australien hat den Roboter Hadrian X für Maurerarbeiten entwickelt – damit Sie sich das besser vorstellen können, schauen Sie doch einfach mal auf YouTube[23] das entsprechende Video an. Für die Arbeit, die der Roboter an zwei Tagen verrichtet, benötigt ein Mauerteam ganze vier bis sechs Wochen. Von den bevorstehenden Veränderungen werden dann nicht nur Bauunternehmen, sondern beispielsweise auch Handwerksunternehmen und Architekten betroffen sein.

---

[22] Meyer, Dr. Jens Uwe: Digitale Disruption, 2017, S. 114

[23] *youtube.com/watch?v=WPo8FWK2CBg*, letzter Zugriff 21.02.2018

Einzelhandel

Nichts Neues mehr ist eigentlich, dass auch der Einzelhandel massiv von der Digitalisierung betroffen ist. Viele Läden mussten bereits aufgeben, was sich dann in den Einkaufs- und Fußgängerzonen in Form von zahlreichen Leerständen zeigt. Der Online-Handel gewinnt seit Jahren Umsatzanteile gegenüber dem stationären Handel. „Doch nun beginnt eine neue Phase: Experten sagen voraus, dass in 15 Jahren jedes zweite größere Unternehmen vom Markt verschwunden ist."[24] Also nicht nur die kleinen Einzelhändler sind also betroffen, sondern die gesamte Branche. Zusätzlicher Treiber ist auch hier wieder die IT. Die Vielzahl der Daten, die wir als Konsumenten im Internet hinterlassen, ermöglichen mit Hilfe von „algorithmischen Entscheidungen und Künstlicher Intelligenz (KI)"[25] intelligente Bedarfsprognosen, personalisierte Produktempfehlungen und intelligente Einkaufshilfen. Schwierig wird es vor allem für die rein stationären Einzelhändler, die im Regelfall gar keine Kundendaten zur Verfügung haben.

Wie sagt der Digitalexperte, Karl-Heinz Land, so schön: „Alles, was digitalisiert werden kann, wird digitalisiert werden." Und wenn wir es nicht machen, dann macht es einfach jemand anders. Es ist nur eine Frage der Zeit.

---

[24] Gassmann,Michael: Dem deutschen Einzelhandel droht ein Massensterben, 05.02.2017 *welt.de, https://t1p.de/fhw3h*

[25] *welt.de, https://t1p.de/xitv8* letzter Zugriff 23.02.2018

Hinweis:

Analysieren Sie Ihre Branche und hinterfragen Sie kritisch, ob Ihr aktuelles Geschäftsmodell auch noch zukünftig tragfähig ist. Wie würden Sie Ihr Unternehmen heute organisieren, welche Technologie einsetzen, welche Mitarbeiter einstellen, wenn Sie heute nochmal neu starten würden.[26]

2.4 Wie digital ist der Mittelstand bereits?

Mal so, mal so. Bei meinen Recherchen und Beobachtungen bin ich immer wieder auf innovative Unternehmer gestoßen, die die Potenziale der Digitalisierung bereits intensiv für sich nutzen. Bei der Mehrzahl der Betriebe herrscht jedoch nach wie vor großer Nachholbedarf.

Dies bestätigt eine Einschätzung der KfW Research in dem KfW-Digitalisierungsbericht Mittelstand 2022, der zufolge durch die Corona-Pandemie einerseits ein deutlicher, nachhaltiger Schub bei der Digitalisierung festgestellt werden konnte. Andererseits „droht die Spaltung des Mittelstands in hochdigitalisierte und bei der Digitalisierung abgehängte Unternehmen mehr denn je: Die Kluft zwischen großen und kleinen Mittelständlern sowie Vorreitern und Nachzüglern ist während der Pandemie gestiegen".[27]

---

[26] Meyer, Dr. Jens Uwe: Digitale Disruption, 2017, S. 114S. 256, 257

[27] KfW-Digitalisierungsbericht Mittelstand 2022, *www.kfw.de, https://t1p.de/y53y6*, letzter Zugriff 11.12.2023

Weitere Erkenntnisse zum Status quo in Sachen Digitalisierung liefert eine Studie, die der Digitalverband Bitkom bei 602 Unternehmen ab 20 Mitarbeiter[28] durchgeführt hat. Die befragten Unternehmen äußerten sich dabei wie folgt:

- 64 Prozent der befragten Unternehmen betrachten sich selbst als Nachzügler in Sachen Digitalisierung.
- Die größten unternehmensinternen Hürden sind dabei „Fehlende finanzielle Mittel" und „Fehlende Zeit" (54 Prozent).
- Als größte Hürden aus externer Sicht werden „Anforderungen an den Datenschutz" (77 Prozent) und der „Mangel an Fachkräften" (64 Prozent) genannt.
- 39 Prozent der Betriebe haben Probleme, die Digitalisierung zu bewältigen.

Exemplarisch für die manchmal herrschende Ohnmacht in Sachen Digitalisierung, schilderte Vanessa Weber, Geschäftsführerin der Werkzeug Weber GmbH & Co. KG ihre Gedanken mit dem Titel „Digitalisierung – ich fühle mich überfordert".[29] Was natürlich auch wieder mit der bereits erwähnten Dynamik und Schnelligkeit zusammenhängt, mit der neue digitale Lösungen an den Markt kommen. Ich beobachte aber auch immer wieder, dass selbst wenn Unternehmer die Notwenigkeit für Veränderungen erkennen, die Umsetzung oftmals entweder gar nicht, oder nur sehr zögerlich in Gang kommen.

---

[28] Digitalisierung der Wirtschaft, *www.bitkom.de, https://t1p.de/u6rzr*

[29] Weber, Vanessa: Digitalisierung – ich fühle mich überfordert, *www.impulse.de, https://t1p.de/biymw*, letzter Zugriff 22.02.2018

Insbesondere gilt dies für die „Kleinstunternehmen". Wir ermitteln bei DATEV regelmäßig im Rahmen unseres Branchenbarometers für die Steuerberaterbranche auch den Digitalisierungsgrad und stellen dabei fest, dass dieser in Kanzleien mit bis zu 4 Mitarbeitern signifikant schlechter ist als in der Kategorie mit 5 bis 13 Mitarbeitern und 14 und mehr Mitarbeitern.[30] Den gleichen Eindruck konnte ich bei einer meiner Vorlesungen an der Hochschule München im Rahmen eines Bachelor-Studiengangs für Betriebswirte und Meister des Handwerks gewinnen. Dort schilderte mir ein Studierender, der bei einem Heizungs- und Sanitärbetrieb mit rund 50 Mitarbeitern beschäftigt ist, dass jeder Techniker mit einem Tablet für Erfassung von Zeiten und Material ausgestattet ist. Außerdem können alle Monteure via GPS geortet werden, um so im Falle eines dringenden Notfalls zeitnah den betroffenen Kunden zu helfen. In dem Moment hatte ich noch den Einsatz von zwei lokalen Handwerksunternehmen bei uns zu Hause in guter Erinnerung, bei denen ich noch den Regiebericht händisch abzeichnen durfte. Weitere wesentliche Gründe für den geringen Digitalisierungsgrad in kleinen Unternehmen sind in meinen Augen:

Fehlende zeitliche Freiräume

Viele Unternehmer sind gefangen im Tagesgeschäft und arbeiten vor allem im Unternehmen, statt am Unternehmen. Zeitliche Freiräume, um sich mit den Möglichkeiten der Digitalisierung auseinander zu setzen, stehen schlichtweg nicht zur Verfügung. Die deutlich gestiegene Komplexität trägt ihr Übriges dazu bei. Der Inhaber eines Heizungs- und Sanitärbetriebs musste vor 20 Jahren zwei Heizungsvarianten anbieten, heute gibt es gutes Dutzend an Alternativen. Und für das Marketing reichte der

---

30 DATEV-Digitalisierungsindex für Steuerberater, März 2023, *www.datev.de/web/de/aktuelles/datev-branchenmonitor/datev-digitalisierungsindex*, letzter Zugriff 11.12.2023

Eintrag in die Gelben Seiten und das Schalten einer Anzeige aus. Heute gibt es oben drauf die Notwendigkeit eine Webseite anzubieten und vielleicht auch auf Facebook präsent zu sein.

Mangelnde digitale Kompetenz

Auch wenn Unternehmen verstärkt in die interne digitale Qualifizierung investieren[31], sind die digitalen Kompetenzen weiter ausbaufähig. Und auch bei der Rekrutierung zeigen sich Schwierigkeiten, Fachkräfte mit digitalen Fähigkeiten zu finden. Das Vorhandensein digitaler Kompetenz wird aber einer der Erfolgsfaktoren für Ihr zukünftiges Geschäftsmodell sein. „Nur mit eigener, digitaler Kompetenz werden Sie Entscheidungen treffen können und folgerichtige Investitionen tätigen, die ihr Unternehmen erfolgreich in die digitale Epoche führen", empfiehlt Ralf Hasford.

Keine frischen Impulse von außen und mangelnde Investitionsbereitschaft

Mangelnde Zeit und digitale Kompetenz ließen sich einfach ausgleichen. Indem man sich Unterstützung von außen einholt. Das kostet natürlich etwas, doch leider ist die Bereitschaft zu investieren mitunter gering. Eine mögliche Erklärung ist, dass wir nun einmal das Land der Tüftler und Selbermacher sind – was sich eindrucksvoll jeden Samstag in den Baumärkten zeigt. Übertragen auf den betrieblichen Alltag könnte das dann so aussehen, dass der Inhaber einer Werbeagentur sich am Wochenende durch die Buchführung und Steuererklärung arbeitet, während ein Steuerberater gerade seine neue Webseite baut. Sich beraten zu lassen oder einzelne betriebliche Aufgaben auszulagern ist daher eine gute Strategie.

---

[31] Digitalisierungsindex 2023, *www.de.digital*

Eine Andere ist, Impulse über neues Personal ins Unternehmen zu tragen. Bei meinen Recherchen bin ich auf einige richtig innovative Unternehmen gestoßen. Das Muster dabei war, dass die nächste Generation ins Unternehmen eingetreten ist und auch den nötigen Spielraum bekommen hat, neue Dinge anzugehen. Jungunternehmer und junge Mitarbeiter, die mit dem Computer und Smartphone aufgewachsen sind, bringen im Regelfall auch neue Ideen und Ansätze und auch digitale Kompetenzen mit. Sich mit den digitalen Möglichkeiten auseinanderzusetzen ist aber nicht alleine eine Frage des Alters, sondern vielmehr Einstellungssache.

2.5 Die Disziplinen der Digitalisierung

2.5.1 Der Fünfkampf der Digitalisierung

Wir haben uns eben mit der digitalen Reife von KMU beschäftigt und dabei festgestellt, dass es trotz der offensichtlichen Chancen großen Nachholbedarf gibt. Aber wo genau sollten wir ansetzen und wie können wir den digitalen Reifegrad eines Unternehmens ermitteln? Es gibt eine ganze Reihe von Modellen die helfen sich einzuordnen und gleichzeitig bewusst machen, an welchen Stellen es Verbesserungspotenziale gibt. Für KMU sind diese allerdings zu komplex oder in Teilen auch nicht verständlich – so zum Beispiel ein Modell von der Uni St. Gallen, der „Digital Maturity Index". Bei der Bildung eines eigenen Reifegradmodells haben mich u. a. folgende Gedanken geleitet:

- Digitalisierung verändert zukünftige Geschäftsmodelle und macht es notwendig sich mit der Strategie seines Unternehmens zu beschäftigen.

- Regionale Grenzen verschwinden durch neue Formen der Kommunikation (Internet, Online-Konferenzen etc.) und bieten die Möglichkeit neue Zielgruppen zu erreichen und damit Kunden zu gewinnen.
- Informationen zu Produkten, deren Eigenschaften und Preise, stehen rund um die Uhr zur Verfügung – besser informiert waren (potenziellen) Kunden nie zuvor.
- Mitarbeiter, können je nach Branche zumindest einen Teil ihrer Tätigkeiten im Homeoffice wahrnehmen und schonen damit die Umwelt und ihr Nervenkostüm und können die gewonnene Zeit für Familie und Hobbys nutzen – Stichwort Work-Life-Balance.
- Viele Arbeitsschritte und -prozesse konnten bereits in den letzten Jahren mit verschiedenen Hard- und Softwarelösungen verbessert werden und es gibt trotzdem noch viele ungenutzte Potenziale.
- Nur wenn die digitalen Möglichkeiten umgesetzt werden, bringen sie den gewünschten Effekt.

In unserem Reifegradmodell (siehe nachfolgende Abbildung) gibt es insgesamt 5 Disziplinen mit insgesamt 20 Fragen. Informationstechnik fungiert in diesem Modell als Basis, Fundament und Ermöglicher – im Englischen spricht man vom sogenannten Enabler. Die weiteren Bestandteile Kunde, Produkt & Service, Prozesse und Personal werden quasi umrahmt von Strategie & Umsetzung. Hinter den einzelnen Disziplinen finden Sie jeweils fünf Fragen, die Ihnen helfen Ihre „digitale Fitness" zu bewerten. Auf den nächsten Seiten stellen wir Ihnen die Disziplinen mit den jeweiligen Fragen und den zu Grunde liegenden Überlegungen der Reihe nach vor.

Eigene Abbildung: 5 Disziplinen der digitalen Reifen

Hinweis:

Laden Sie den Fragebogen unter *go.datev.de/digi-kmu* herunter. Sie werden lediglich fünf Minuten für das Ausfüllen benötigen und erhalten so einen ersten Überblick zur digitalen Reife Ihres Unternehmens und lernen dabei mögliche Handlungsfelder kennen. Zu jeder Frage geben Sie dazu an, ob diese gar nicht, wenig, teilweise, überwiegend oder völlig zutrifft.

2.5.2 Disziplin „Strategie & Umsetzung"

Steigen wir ein in unseren „Wettkampf" und beginnen mit der ersten Disziplin: Der Strategie und der Umsetzung. Warum ich diese beiden Themen quasi in einem Atemzug nenne, löse ich gleich auf. Widmen wir uns zunächst der Strategie, die sich definieren lässt „als die grundsätzliche, langfristige Verhaltensweise (Maßnahmenkombination) der Unternehmung und relevanter Teilbereiche gegenüber ihrer Umwelt zur Verwirklichung der langfristigen Ziele".[32] Wenn Ihnen das zu sperrig ist, dann klärt vielleicht die folgende Erläuterung auf – ich habe Sie vor vielen Jahren mal von einem Managementberater gehört – worum es eigentlich geht: „Strategie ist die Kunst, sich zu kratzen, bevor es einen juckt." Vereinfacht gesprochen heißt dies, dass Sie und Ihr Unternehmen gerade jetzt analysieren sollten, welche aktuellen und zukünftig zu erwartenden Veränderungen – auch bedingt durch die Digitalisierung – zu Juckreizen führen könnten. Und im nächsten Schritt Strategien zu entwickeln, die den weiteren Erfolg Ihres Unternehmens sicherstellen können – übersetzt sich „zu kratzen" und dabei eben auch die Möglichkeiten der Digitalisierung zum eigenen Vorteil zu nutzen, etwas Neues zu schaffen, innovativ zu sein.

Es ist also, in Anlehnung an den amerikanischen Zeitmanagement-Experten Stephen Covey, Zeit, jetzt „die Säge zu schärfen" – hier zerkleinert ein Waldarbeiter mit einem stumpfen Sägeblatt mühsam Holz und entgegnet dem Vorschlag zum Schärfen von vorbeigehenden Spaziergängern, dass er hierfür keine Zeit habe, denn er müsse ja sägen. Auch wenn in der Vergangenheit das operative Geschäft Ihnen wenig bis gar keinen Spielraum für strategische Fragestellungen gelassen hat: Legen Sie die Säge aus der Hand und beginnen Sie mit dem Schärfen. Mit diesem ersten Schritt schaffen Sie sich den Freiraum, um darüber Gedanken zu entwickeln, wo es mit Ihrem Unternehmen und natürlich Ihnen selbst in Zukunft hingehen soll. Strategie bedeutet nichts anderes, als genau hierfür ein Bild zu entwickeln, entsprechende Ziele schriftlich zu formulieren und das Erreichen dieser nachhaltig zu verfolgen. Die Digitalisierung sollte natürlich hierbei Berücksichtigung finden. In *Kapitel 3. Wie entwickeln wir unser Unternehmen im digitalen Zeitalter?* stellen wir Ihnen den Umfeld-Check

---

[32] *wirtschaftslexikon.gabler.de/Definition/strategie.html*, letzter Zugriff 18.02.2018

und die Analyse der Stärken-Schwächen-Chancen-Risiken (SWOT-Analyse) vor. Mit diesen beiden einfachen Instrumenten sind Sie in der Lage die Strategie für Ihr Unternehmen zu entwickeln.

Womit wir dann auch beim zweiten Block, nämlich der Umsetzung wären. Und die ist eigentlich noch viel wichtiger als die Strategie. Der amerikanische Ökonom Peter Drucker bringt es auf den Punkt: „Die Königsdisziplin im Management ist nicht die Strategie, sondern die Umsetzung." Das ist dann so ähnlich wie mit den guten Vorsätzen zum Beginn eines Jahres. Diese werden erfahrungsgemäß auch schnell über Bord geworfen und nur selten verwirklicht. Damit Ihnen das Gleiche mit Ihren Maßnahmen, die eine hohe Bedeutung für die Zukunft Ihres Unternehmens haben, nicht passiert, sollten Sie diese realistisch planen, dokumentieren und regelmäßig den aktuellen Arbeitsstand überwachen. Ein gutes Zeit- und Projektmanagement hilft Ihnen dabei. Und natürlich die Unterstützung Ihrer Mitarbeiter. Die können Sie sicherstellen, indem Sie Ihre Mitarbeiter aktiv über Ihre Strategie informieren und ihnen die Möglichkeit geben, sich selbst einzubringen und die „gemeinsamen" Ideen zur Umsetzung zu bringen. Ihre eigene Rolle in Bezug auf die Digitalisierung und deren Auswirkungen auf die Strategie ist eher die des Initiators und Förderer,[33] statt Maßnahmen und Ideen selbst umzusetzen. Und wenn dann auch noch über Ihr Unternehmen in der Öffentlichkeit berichtet wird und sich Berufskollegen bei Ihnen melden, um mehr über ihr Erfolgsmodell zu erfahren, dann sind Sie ein gutes Stück bezüglich Ihrer digitalen Reife weitergekommen.

Ihren (digitalen) Reifegrad in Bezug auf „Strategie & Umsetzung" können Sie mit den folgenden Aussagen bewerten:

---

[33] Hasford, Ralf: Digitalisierung in Handwerk & Mittelstand, S. 10

- Wir treiben die Digitalisierung in unserem Unternehmen aktiv voran.
- Die Strategie und die Ziele der digitalen Transformation sind messbar definiert und allen Mitarbeitern im Unternehmen bekannt und werden von der Geschäftsführung/Inhaber getragen.
- Wir haben in Hinblick auf die Digitalisierung eine Stärken- und Schwächenanalyse in unserem Unternehmen durchgeführt.
- Wir werden von Mitbewerbern und Fachkreisen als Treiber von digitalen Innovationen wahrgenommen.
- Die Zielerreichung aller Aktivitäten im Zusammenhang mit der digitalen Transformation wird periodisch überprüft.

2.5.3 Disziplin „Kunde, Produkte & Services“

Kommen wir zur zweiten und nach meiner Meinung nach wichtigsten Disziplin: Kunde, Produkte & Services – und genau auch in dieser Reihenfolge. „The customer – not the product is the business“ sagt hierzu treffenderweise wieder einmal Peter Drucker. Gerade im digitalen Zeitalter ist es umso wichtiger dies zu beherzigen, denn wie bereits erwähnt, hat sich das Verhalten von Kunden in den letzten Jahren drastisch verändert. „Der Kunde ist heute viel mächtiger, als er es jemals war. Und wer immer noch kein genaues Bild seines Kunden hat, wer sich da eine Unschärfe erlaubt und nicht weiß, was der Kunde am Produkt schätzt, welchen unmittelbaren Wert es für ihn hat, für den wird die digitale Transformation eine schmerzhafte Erfahrung.“[34] Und da ist es wenig hilfreich den guten alten Zeiten nachzutrauern. Schon gar nicht Kunden zu verteufeln, weil sie sich immer häufiger für ein Angebot aus dem Internet entscheiden und mit

---

[34] Hentrich, Pachmajer: d.quarks – Der Weg zum digitalen Unternehmen, S. 28

dem Smartphone in der Hand den besten Preis aushandeln. Zukünftig wird es nicht mehr ausreichen, einfach nur ein gutes Produkt oder eine Dienstleistung anzubieten. „Heute geht es darum, zusätzliche Dienstleistungen zu entwickeln, sein Angebot um digitale Services zu erweitern."[35] Wie aber erhalten wir nur ein tiefenscharfes Bild von unserem Kunden und wie lassen sich zusätzliche (digitale) Services identifizieren, die der Kunde auch in Anspruch nehmen würde? Nun am einfachsten ist es zunächst einmal seine Kunden zu fragen, beispielsweise wie zufrieden sie mit der Leistung unseres Unternehmens sind. Im schlechtesten Fall erhalten Sie kostenlose Hinweise, wie wir unser Unternehmen optimieren können, im besten Fall wird uns der Kunde weiterempfehlen – ganz nebenbei immer noch das wertvollste und eben auch kostenlose Akquiseinstrument. Ergänzend sollten Sie Ihre Kunden aber auch im „Alltagsleben beobachten, den Kunden zuhören und dabei Probleme [zu] erkennen".[36] Genau das hat ein noch junges Unternehmen gemacht, dessen Gründer ich kürzlich bei einer Hochschulveranstaltung kennen lernen durfte. Anstatt lange im „stillen Kämmerlein" vor sich hinzutüfteln, hat er einen Prototypen entwickelt und ist damit zu seinem potenziellen Kunden gegangen, um sich frühzeitig Feedback einzuholen. „Der Köder muss dem Fisch schmecken und nicht dem Angler" – heißt es schön. Übertragen auf unser Produkt oder zusätzliche (digitale) Services müssen diese nicht zwingend uns gefallen, sondern vor allem für den Kunden attraktiv sein. Ganz im Sinne eines positiven Kundenerlebnisses.

Ihren (digitalen) Reifegrad in Bezug auf „Kunde & Produkt" können Sie mit den folgenden Aussagen bewerten:

---

[35] Hentrich, Pachmajer: d.quarks – Der Weg zum digitalen Unternehmen, S. 38

[36] Hentrich, Pachmajer: d.quarks – Der Weg zum digitalen Unternehmen, S. 123

- Wir nutzen die Digitalisierung, um die Zufriedenheit unserer Kunden zu verbessern und ein positives Kundenerlebnis zu ermöglichen.
- Wir kennen die Bedürfnisse unserer Kunden und richten unser Dienstleistungsportfolio entsprechend aus.
- Interaktionen mit unseren Kunden können sowohl über klassische als auch über digitale Kanäle erfolgen (z. B. Beratung, Kaufabschluss, Kundenservice).
- Wir haben unsere Produkte und Dienstleistungen mit digitalen Angeboten ergänzt.
- Wir befragen unsere Kunden systematisch und binden sie aktiv in die Entwicklung von neuen Ideen für (digitale) Produkte ein.

2.5.4 Disziplin „Informationstechnik“

Kommen wir mit der Informationstechnik (IT) zum Auslöser der ganzen Diskussion um die Digitalisierung. Wobei die Digitalisierung kein neues Phänomen ist, sondern uns schon immer irgendwie umtreibt – zumindest war dies so in den letzten drei Jahrzehnten während meines Studiums und meiner beruflichen Tätigkeit so. Mittlerweile aber ist IT, auch wegen des Tempos, mit dem neue Lösungen in den letzten Jahren marktreif wurden, zu dem Treiber sowohl für die Gründung, als auch der Weiterentwicklung von Unternehmen geworden. Halten Sie selbst einmal kurz inne und überlegen, wie Sie vor fünf oder zehn Jahren IT genutzt haben und welche Services Sie heute in Anspruch nehmen, die irgendwann einmal unmöglich schienen. Das Ganze lässt uns dann vielleicht neutraler und weniger voreingenommen auf die nächsten bevorstehenden Änderungen blicken. In der schon angesprochenen Studie Digitalisierung der

Wirtschaft des Bitkom wurden Unternehmen gefragt, welche Technologien zukünftig die Wettbewerbsfähigkeit stärken und wie sich aktuell der Nutzungsgrad gestaltet.[37]

Mit folgenden interessanten Ergebnissen:

- 92 Prozent der Unternehmen messen **Datenanalysen und Big Data** eine große Bedeutung bei, aber nur 39 Prozent setzen sie ein.
- **Robotik** halten 86 Prozent für bedeutsam, doch nur 40 Prozent nutzen die Technologie.
- Aktuell nutzen zu 23 Prozent der Unternehmen **3D-Druck**, 74 Prozent halten diese Technologie aber für bedeutsam.
- Für 67 Prozent der Unternehmen hat **Virtual-/Augmented Reality** ein hohes Gewicht, jedoch nur 24 Prozent der Mittelständler nutzen diese Technologie.
- 72 Prozent der Unternehmen halten **Künstliche Intelligenz (KI)** relevant für ihre Wettbewerbsfähigkeit, aber lediglich 15 Prozent nutzen diese derzeit.

Neben der Frage, was zukünftig alles möglich sein wird, sollten Sie die aktuellen Möglichkeiten aber nicht außer Acht lassen. Davon gibt es eine ganze Menge und Informationen zu relevanten Hardwarelösungen, Softwarepaketen oder Apps erhalten Sie über die jeweiligen Webseiten, Videos und Kundenbewertungen – früher musste man dafür übrigens immer noch auf eine Messe fahren, die dann auch nur einmal im Jahr stattfand. Wichtig bei der Zusammenstellung Ihres Softwareportfolios ist, dass alle genutzten Systeme über offene Schnittstellen verfügen. Denn

---

[37] Digitalisierung der Wirtschaft, *www.bitkom.org, https://t1p.de/u6rzr*

Insellösungen tragen immer dazu bei, dass Sie Daten wieder von einem System in ein anderes übertragen müssen, was fehleranfällig und zeitaufwändig ist.

Ihre Hard- und Softwarearchitektur zu planen kostet natürlich Zeit und die ist bekanntermaßen häufig der größte Engpass. Zumal es ja auch noch der Umsetzung bedarf. Zum Gelingen braucht es einerseits einen Grundstock an Digital- und IT-Kompetenz bei Ihnen und auch Ihren Mitarbeitern. Andererseits empfehle ich aber auch die Inanspruchnahme externer Unterstützung. Bei der Identifizierung innovativer Lösungen, der Bewertung in Bezug auf Ihr Geschäftsmodell und Ihre Prozesse hilft beispielsweise Unternehmen der Handwerksbranche die Initiative Mittelstand-Digital Zentrum Handwerk (vormals Kompetenzzentren Digitales Handwerk[38]), die im Rahmen der Förderinitiative Mittelstand 4.0 vom Bundesministerium für Wirtschaft und Klima (BMWK) gegründet wurden. Gleiches gilt natürlich auch für alle anderen Branchen. Erkundigen Sie sich bei Kammern und Verbänden über gleichartige Unterstützungsmöglichkeiten.

Um die Lücke zwischen dem, was technisch machbar ist und dem Stand der Umsetzung zu schließen, sollten Sie die Zusammenarbeit mit IT- und Softwarepartnern intensivieren. Die Potenziale digitaler Technologien können besser ausgeschöpft werden und in der Regel erfolgt die Implementierung schneller und reibungsfreier.

Ihren (digitalen) Reifegrad in Bezug auf „Informationstechnik" können Sie mit den folgenden Aussagen bewerten:

- Wir aktualisieren unsere IT-Infrastruktur regelmäßig, um veränderten Anforderungen gerecht zu werden.

---

[38] *handwerkdigital.de*

- Wir evaluieren systematisch neue Technologien und Veränderungen im Kundenverhalten, um Potenziale für digitale Innovationen zu identifizieren.
- Wir können unsere Systeme dank offener Schnittstellen problemlos und schnell an neue eigene oder fremde Angebote anbinden.
- Wir können mit internen Mitarbeitern oder externen Partnern den Einsatz der für unser Unternehmen relevanten digitalen Technologien sicherstellen.
- Bei technologischen Innovationen werden wir von internen Mitarbeitern und/oder von externen Partnern proaktiv und kompetent beraten.

2.5.5 Disziplin „Prozesse"

Kommen wir zu der Disziplin, die uns idealerweise das liefern soll, was uns häufig am meisten fehlt: Zeit und Freiräume. Wie man mit IT Prozesse beschleunigt, verdeutlicht ein Beispiel aus der Versicherungsbranche, von dem ich kürzlich gelesen habe: Der Aufwand für die Schadenssachbearbeitung konnte mittels künstlicher Intelligenz von 52 Minuten auf 5 Sekunden reduziert werden. Insofern ist es nicht verwunderlich, dass auch mittelständische Unternehmen die Digitalisierung zur Optimierung von Geschäftsprozessen nutzen möchten.[39] Zumal künstliche Intelligenz auch dabei helfen kann, den Mangel an Fachpersonal zu kompensieren. Zum anderen sind optimale Prozesse aber auch aus Wettbewerbsgesichtspunkten relevant. Insbesondere dann, wenn Ihr Markt hart umkämpft ist und Aufträge mitunter über den Preis gewonnen werden. Das heute noch ungenutzte Potenzial ist in meinen Augen enorm. Informationen

---

[39] DIHK-Innovationsreport 2017

werden redundant in verschiedenen Systemen erfasst und technische Schnittstellen, die verschiedene Softwarelösungen miteinander verbinden, nur unzureichend genutzt. Stattdessen dominiert Papier, das von einem Stapel zum Nächsten wandert.

Und wie gehen Sie vor, um Ihre Prozesse auch mit Hilfe digitaler Unterstützung möglichst optimal zu gestalten? „Einer der ersten Schritte der digitalen Umsetzung heißt daher, Prozesse zu erfassen und digital abzubilden" empfiehlt der Digitalberater Ralf Hasford.[40] Eine wichtige Voraussetzung dafür ist jedoch, dass der Prozess bereits rund läuft und Sie regelmäßig die Abläufe im Unternehmen auf Verbesserungspotenziale untersuchen. Eine etwas derbe, aber dennoch treffende Einschätzung lautet: „Wenn Sie einen Scheißprozess digitalisieren, dann haben Sie einen scheiß digitalen Prozess."[41] Eine Prozessanalyse ist daher sinnvoll, kann jedoch auch zeitaufwändig sein. Wenn Sie schneller zu ersten Ergebnisse kommen möchten, empfehle ich, einen ausgewählten Prozessablauf zu analysieren, bei dem Sie und Ihre Mitarbeiter den Eindruck haben, dass hier das größte Potenzial schlummert. Im Handwerksunternehmen könnte dies beispielsweise der Prozess vom Moment Erfassung von Material und Zeiten bis zur Rechnungserstellung sein – ein passendes Beispiel dazu finden Sie übrigens in *Kapitel 4.3 Best Practice „Prozesse"*.

Ihren (digitalen) Reifegrad in Bezug auf „Prozessdigitalisierung" können Sie mit den folgenden Aussagen bewerten:

- Wir überprüfen unsere Kernprozesse regelmäßig auf Verbesserungspotenzial durch digitale Technologien.

---

[40] Hasford, Ralf: Digitalisierung in Handwerk & Mittelstand, S. 7

[41] Dirks, Thorsten: Zitat beim Wirtschaftsgipfel der Süddeutschen Zeitung

- Wir schöpfen die neuesten digitalen Möglichkeiten aus, um unsere Routineprozesse zu automatisieren.
- Die Bearbeitungsprozesse in unserem Unternehmen sind bereits vollständig digitalisiert und wir arbeiten weitgehend ohne Papier.
- Wir haben digitale Kanäle (inkl. Mobile und Social Media) konsequent in Kommunikations- und Serviceprozesse integriert.
- Wir vermeiden die manuelle Erfassung von Daten und implementieren Schnittstellen zum digitalen Datenaustausch mit Kunden und Lieferanten.

2.5.6 Disziplin „Personal"

Kommen wir zur letzten Disziplin, dem Personal. Erfahrungsgemäß scheitern Digitalisierungsprojekte häufig daran, dass man die Analyse und das Aufstellen von Plänen vor den Menschen stellt. Es ist ein Trugschluss zu glauben, dass unsere Mitarbeiter auf Veränderungen warten und das Neue sofort in ihr Herz schließen. Und die große Frage nach dem „ Warum" löst sich selten auf der kognitiven Ebene - häufig mit Argumenten aus Sicht der Unternehmensleitung - sondern vielmehr mit emotionalen Aspekten aus der Mitarbeiterperspektive.

Ergänzend trägt zum Gelingen der digitalen Transformation „das richtige Mind- und Skillset, Leadership und Kultur" bei und dass die jeweiligen Rollen „sinnvoll ausgefüllt werden."[42]. Zum erwähnten Skillset kommen „internationale Studien zu dem Ergebnis, dass bis zu 50 Prozent der Mitarbeiterinnen und Mitarbeiter neue Fähigkeiten brauchen, um für die

---

[42] Markus H. Dahn, Stefan Thode Hrsg., Digitale Transformation in der Unternehmenspraxis

beruflichen Anforderungen weiter fit zu bleiben."[43]. Einen Überblick darüber, welche Fertigkeiten und Kompetenzen auf der Mitarbeiter-, aber auch der Unternehmensleitungsebene zukünftig gefragt sind, gibt die Publikation Future Skill[44], die 2021 vom Stifterverband veröffentlicht und fachlich von der Unternehmensberatung McKinsey begleitet wurde.

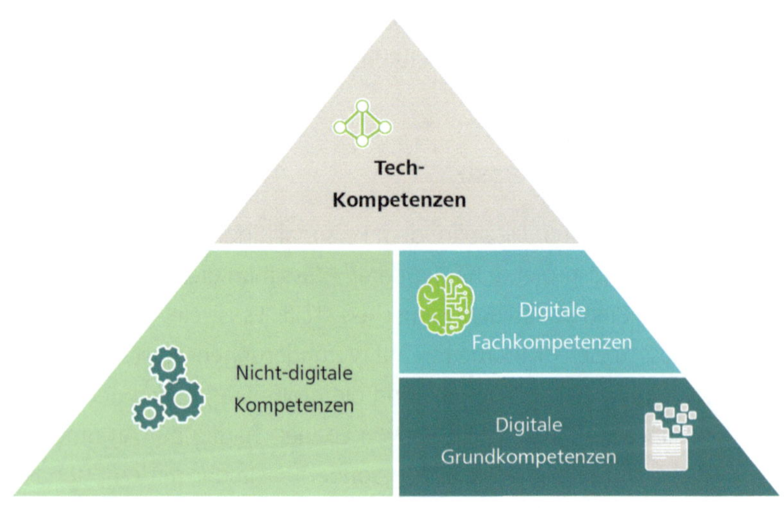

Abb. Eigene Darstellung analog Future Skills 2021

---

[43] Florian Hoffmann, brandeins 12/2022

[44] *www.stifterverband.org/medien/future-skills-2021*

Über die einzelnen Themenbereiche hinweg finden sich neben technischen Kompetenzen auch soziale und kognitive Fähigkeiten wieder. Zu den Schlüsselkompetenzen für Mitarbeitende zählen beispielsweise digitale Kompetenz, der Umgang mit KI-Systemen, kritisches Denken, Problemlösungs- und Kommunikationsfähigkeiten, Selbstorganisation und gutes Zeit-/ Aufgabenmanagement sowie Anpassungsfähigkeit und Veränderungsbereitschaft. Die in der Rubrik „Digitale Fachkompetenzen" erwähnten Skills zu „Change Management" und „Digital Leadership" adressieren hingegen Führungskräfte und Unternehmensinhaber. Um Mitarbeitende auf notwendige Veränderungen vorzubereiten, entwickelt die Unternehmensleitung eine Vision und Strategie und zeigt auf, warum es einen Wandel braucht, wohin sich die Organisation zukünftig entwickeln soll und wo und wie digitale Technologie helfen kann. In der Vergangenheit habe ich häufig erlebt, dass Firmeninhaber „digitale" Projekte ins Leben gerufen haben, ohne die Mitarbeiter frühzeitig ins Boot zu holen. Gerade wenn es um Zeitersparnis und Automatisierung geht, entstehen Angst und Sorge um den eigenen Arbeitsplatz und führen häufig zur Blockade.

Ein gutes Beispiel für „Digital Leadership" liefert der Inhaber einer Steuerberatungskanzlei, der die Auswirkungen der Digitalisierung mit seinen Steuerfachangestellten – ein Beruf, der nach Einschätzung des Job-Futuromat stark von der Digitalisierung bedroht ist – offensiv diskutiert und mit seiner verkündeten Strategie aufzeigt, dass alle Mitarbeiter auch in Zukunft benötigt werden. Nehmen Sie Ihre Mitarbeiter also mit, auf die Reise in die „digitale Zukunft", zeigen Sie, was die Mitarbeiter davon haben und begegnen sie ihnen auf Augenhöhe. Ohnehin hat sich das Rollenverhältnis zwischen Chef und Mitarbeiter verändert. Die Welt ist komplex und vielfältig geworden, auch wegen der vielen neuen Möglichkeiten. Die meisten Unternehmen sind entstanden, weil der Firmengründer ein ausgeprägtes Wissen über sein Fachgebiet hat – der Chef war der kompetenteste Mitarbeiter im Haus. In einer komplexer werdenden Welt wird dies jedoch zunehmend schwerer. Der Chef kann häufig gar nicht mehr alles wissen. Mitarbeiter und ihre speziellen Fähigkeiten werden durch die steigende Wissensintensität immer wichtiger. Werden die Mitarbeiter einbezogen, steigt zudem auch ihre Zufriedenheit und Motivation.

Nutzen Sie das Potenzial Ihrer Mitarbeiter, indem Sie „wertschätzend und motivierend führen, eigenes Wissen teilen und das Team stärken".[45] Vertrauen Sie ihnen und pflegen Sie einen offenen Umgang mit Fehlern. Dann werden vielleicht nicht alle, aber doch ausreichend viele Mitarbeiter sich mit Ihrer Aufgabe und ihrem Unternehmen identifizieren und auch Ideen, sei es für Prozessverbesserungen oder neue Services, einbringen. Und auch wenn es manchmal schwerfällt: Belohnen Sie auch Ideen, die nicht zu gebrauchen sind. Denn häufig müssen erst schlechte Ideen entwickelt werden, um zu guten zu kommen.[46]

Momentan verändert sich in vielen Unternehmen die Kultur, sicherlich auch als Konsequenz auf den zunehmenden Fachkräftemangel. Die Arbeitsbedingungen, die viele Unternehmen bieten, werden zunehmend attraktiver: Flexible Arbeitszeiten und mobiles Arbeiten sind in vielen Branchen weitverbreitet. Und auch die Mitarbeiterführung sollte sich erneuern und sich an den veränderten Bedingungen ausrichten. Gerade die junge Generation erwartet, so schilderte es mir der Personalleiter eines größeren mittelständischen Unternehmens, früh ein Feedback bezüglich ihrer Leistung.

---

[45] Hasford, Ralf: Digitalisierung in Handwerk & Mittelstand, S. 7

[46] Meyer, Dr. Jens Uwe: Digitale Disruption, 2017, S.238

Ein passendes Fazit, fast schon Plädoyer, habe in einem Zitat von Colin Powell – ehemaliger Außenminister der USA – gefunden: „Bei der Führung geht es um Menschen. Es geht nicht um Organisationen. Es geht nicht um Pläne. Es geht nicht um Strategien. Es geht um Menschen - darum, Menschen zu motivieren, ihre Arbeit zu erledigen. Man muss die Menschen in den Mittelpunkt stellen."

Ihren (digitalen) Reifegrad in Bezug auf „Personal" können Sie mit den folgenden Aussagen bewerten:

- Unsere Mitarbeitenden bringen regelmäßig Ideen für neue (digitale) Produkte und Prozessverbesserungen ein.
- Der Aufbau von digitaler Expertise ist eine zentrale Komponente in der Mitarbeiterentwicklung.
- Flexibles, mobiles Arbeiten wird in unserem Unternehmen gezielt gefördert.
- Der Aufbau von digitaler Expertise ist eine zentrale Komponente in der Mitarbeiterentwicklung.
- Wir setzen digitale Medien/Programme ein, um unseren Mitarbeitern Wissen zugänglich zu machen (z. B. Prozessbeschreibungen, Mitarbeiter-Wiki, Online-Seminare etc.).

3 Wie entwickeln wir unser Unternehmen im digitalen Zeitalter?

3.1 Das Vorgehensmodell im Überblick

Egal in welchen Situationen des Lebens: Ob Sie planen sich gesünder zu ernähren, Ihr Gewicht zu reduzieren, sich auf eine sportliche Herausforderung (z. B. ein Marathon oder Triathlon) vorbereiten wollen oder Sie eine neue Software in Ihrem Unternehmen wollen. Eine strukturierte Vorgehensweise ist essenziell, gibt Orientierung und hilft die gesetzten Ziele zu erreichen. Entscheidend dabei ist immer eine genaue Betrachtung unserer Ausgangssituation. Im medizinischen Kontext würde man von der Anamnese sprechen. Im ersten Schritt können Sie mit Hilfe des KMU-Digital-Checks und den im *Kapitel 2.5 Die Disziplinen der Digitalisierung* vorgestellten Fragestellungen einen ersten Einblick zum Stand Ihrer „digitalen" Fitness erhalten.

Wir gehen nun mit dem Quick-Check einen Schritt weiter und machen eine kurze Bestandsaufnahme Ihres Unternehmens. Das Ziel ist es herauszufinden, ob es in Ihrem Unternehmen einen Veränderungsdruck gibt und wie stark dieser ausgeprägt ist. Und wie sehr Sie auch bereit sind, die Veränderungen zu tragen. „Wenn das Warum geklärt ist, kommt das Wie von selbst", sagt der Redner Christian Bischoff bei seinen Vorträgen zum Thema Motivation. Ein Beispiel: Sie sitzen jeden Sonntag widerwillig im Büro, um Rechnungen zu schreiben und Mahnungen zu erstellen. Ihre Familie und ihre Freunde beklagen sich regelmäßig, dass sie gar keine Zeit mehr Füreinander haben. Sie haben außerdem keine Zeit für Sport und fühlen sich unausgeglichen und zu guter Letzt ruft die Bank einmal in der Woche an, weil das Konto überzogen ist. Mehr warum geht eigentlich nicht, oder?

Wenn Veränderungsbedarf besteht, wovon ich in den meisten Fällen ausgehe, gehen wir einen Schritt weiter und machen den Umfeld-Check. Wir begeben uns quasi in die Helikopterperspektive und tragen zusammen, was sich beispielsweise in unserem Markt tut, wie sich die Wettbewerbssituation darstellt und welche Trends & Technologien aktuell und zukünftig wirken. Anschließend bewegen wir uns wieder in unser Unternehmen und bewerten nun, welche Chancen und Risiken sich für uns ergeben und wie wir aktuell unsere Stärken und Schwächen einschätzen – die sogenannte SWOT-Analyse. Aus den Ergebnissen leiten sich dann Potenziale/ Ideen ab, mit denen Sie Ihre Position verbessern können. Diese kommen entweder von Ihnen selbst oder ggf. auch von Ihren Mitarbeitern. Weitere Impulse erhalten Sie auch von externen Beratern und weiteren Informationsquellen, auf die ich später noch genauer eingehen werde. Im letzten und entscheidenden Schritt folgt die Planung und Umsetzung der notwendigen Maßnahmen mit Hilfe des Projekt-Boards.

Für die Durchführung und Dokumentation der dargestellten Schritte habe ich Vorlagen erstellt, die Sie unter *go.datev.de/digi-kmu* herunterladen können. Dabei habe ich Anregungen von neuen Methoden wie beispielsweise dem Business Model Canvas,[47] dem Innovation-Board der Berliner Agentur Dark Horse Innovation[48] sowie dem Personal Kanban[49] kombiniert.

Verzeihen Sie an dieser Stelle bitte, dass ich für die Vorlagen englische Begriffe verwende. Viele neue Methoden und Ansätze werden bewusst in Englisch entwickelt, um sie einem möglichst großen Interessentenkreis zugänglich zu machen. Und das Übersetzen ins Deutsche macht es dann nicht unbedingt besser.

Drucken Sie den Quick-Check, das Digital Transformation Canvas und das Projekt-Kanban-Board großformatig aus und hängen diese an eine Wand. Erarbeiten Sie anschließend die einzelnen Punkte, indem Sie diese auf Klebe-Notizzettel aufschreiben und in die entsprechenden Felder aufbringen. Das ist zwar ein alles andere als digitales Vorgehen. Sie werden aber feststellen, dass Ihre Vorlagen „leben" werden und Sie so jederzeit Punkte ergänzen können. Lassen Sie die Blätter einfach an der Wand hängen. Somit ist sichergestellt, dass Sie regelmäßig an Ihre offenen Punkte erinnert werden und die Wahrscheinlichkeit, dass diese auch zur Umsetzung kommen, steigt. Wie Sie mit den bereitgestellten Werkzeugen und Vorlagen arbeiten, erfahren Sie in den folgenden Kapiteln.

---

[47] Osterwalder, Pigneur: Business Model Generation, 2011

[48] vgl. Dark Horse Innovation: Digital Innovation Playbook, 2017

[49] Personal Kanban ist eine Methode zur Visualisierung und Planung von Aufgaben, Projekten und Terminen

3.2 Schritt 1: Der Quick-Check

Der Quick-Check gliedert sich in drei Bereiche, mit dem wir uns einen kurzen Überblick über die aktuelle Situation in Ihrem Unternehmen verschaffen möchten. Hierbei beleuchten wir Ihre Kunden und Mitarbeiter und betrachten, wie zufrieden Sie mit Ihrer Selbstständigkeit sind.

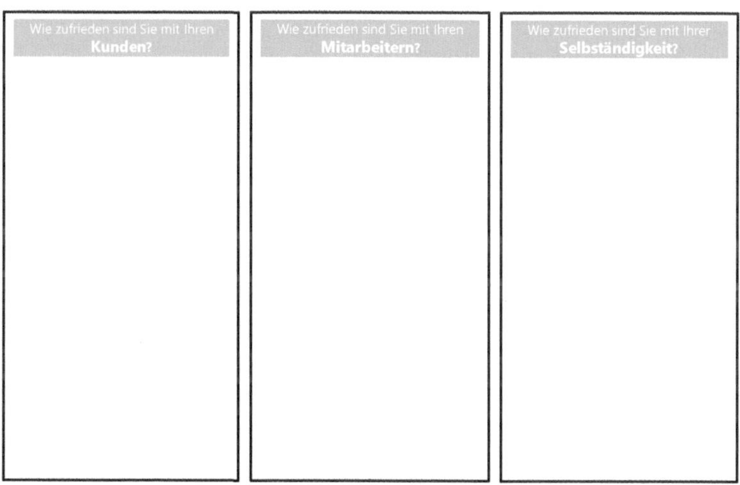

Im ersten Block widmen wir uns Ihren Kunden. Ergänzend zu der Frage „wie zufrieden sind Sie mit Ihren Kunden" können Sie hier Antworten auf die nachfolgenden Fragestellungen berücksichtigen:

- Wer sind heute Ihre Kunden?
- Macht Ihnen die Zusammenarbeit mit Ihren Kunden Spaß?
- Werden Rechnungen pünktlich bezahlt?
- Erhalten Sie von Ihren Kunden Wertschätzung bezüglich Ihrer Leistungen?

Der zweite Block betrachtet die Frage, „wie zufrieden Sie mit Ihren Mitarbeitern sind". Weitere Gedanken entwickeln Sie zudem über folgende Fragestellungen:

- Sind Ihre Mitarbeiter motiviert?
- Denken Ihre Mitarbeiter mit und bringen selbstständig Verbesserungsvorschläge ein?
- Kommen Ihre Mitarbeiter gerne zur Arbeit?
- Wie ist das Qualifikationsniveau?

Im letzten Block blicken wir darauf, „wie zufrieden Sie mit Ihrer Selbstständigkeit" sind. Stellen Sie sich außerdem folgende Fragen:

- Lohnt sich die Selbstständigkeit für Sie?
- Sind Sie mit Ihrer Gewinnsituation zufrieden?
- Wie schätzen Sie die Entwicklung diesbezüglich für die nächsten Jahre ein und womit werden Sie zukünftig Ihr Geld verdienen?
- Haben Sie Zeit für Familie, Hobbys oder andere Interessengebiete?
- Was passiert, wenn Sie morgen nicht mehr in Ihrem Unternehmen sein können?

Hinweis:

Der Quick-Check eignet sich für Berater auch als Akquise-Instrument. Sie benötigen für die Durchführung maximal 15 Minuten. Fassen Sie die Ergebnisse kurz zusammen und fragen Sie Ihren Mandanten, ob er mit der aktuellen Situation weiterleben möchte oder ob er etwas verändern möchte. Sie erfahren so mehr über den Handlungsdruck und können weiterführende Maßnahmen, wie die Durchführung des Umfeld-Checks und der SWOT-Analyse, vereinbaren.

3.3 Schritt 2: Der Umfeld-Check

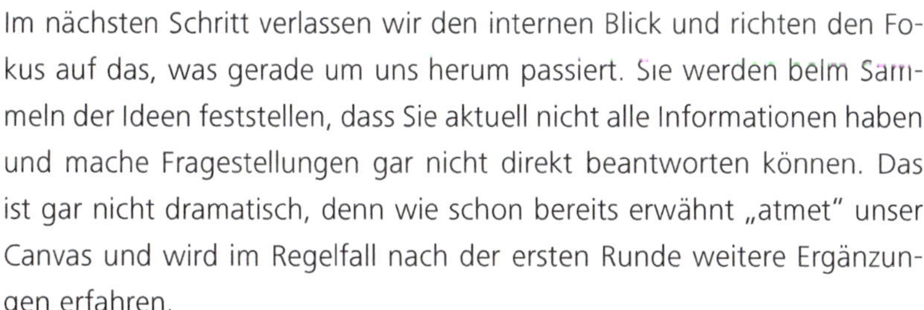

Im nächsten Schritt verlassen wir den internen Blick und richten den Fokus auf das, was gerade um uns herum passiert. Sie werden beim Sammeln der Ideen feststellen, dass Sie aktuell nicht alle Informationen haben und mache Fragestellungen gar nicht direkt beantworten können. Das ist gar nicht dramatisch, denn wie schon bereits erwähnt „atmet" unser Canvas und wird im Regelfall nach der ersten Runde weitere Ergänzungen erfahren.

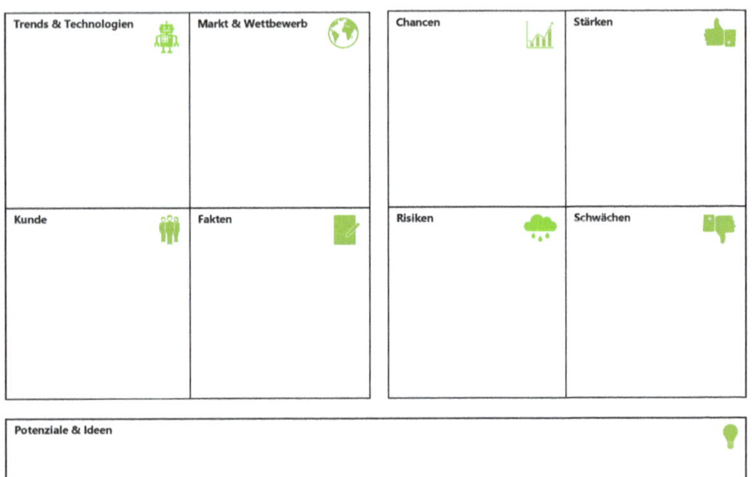

Gehen wir der Reihe nach vor.

Im ersten Schritt starten wir mit „Trends & Technologien". Da sind wir beim eigentlichen Auslöser unseres Themas und gehen der Frage nach, welche technologischen Entwicklungen aktuell und in Zukunft anstehen. Darüber hinaus gilt es hier aber auch Megatrends, Konsum- oder Zeitgeisttrends zu ermitteln, die sich auf unser Geschäftsmodell auswirken können. Weitere Fragestellungen hierbei sind:

- Welche technologischen Trends zeichnen sich für die nächsten Jahre ab?
- Wie wirken die technologischen Veränderungen sich für unsere Branche aus?

- Welche Veränderungen ergeben sich zukünftig in der Gesellschaft, z. B. aufgrund des demografischen Wandels?
- Wie werden wir in 10 Jahren leben und arbeiten?

Als Nächstes beschäftigen wir uns mit „Markt & Wettbewerb" und betrachten hierbei, was sich aktuell in unserer Branche tut. Mögliche Fragestellungen hierbei sind:

- Wie entwickelt sich die Branche aktuell und perspektivisch für die nächsten Jahre?
- Welche Wettbewerber gibt es aktuell und wie stellen diese sich derzeit auf?
- Welche Wettbewerber könnte es zukünftig geben?
- Wie werden sich gesetzliche Rahmenbedingungen verändern?

Gehen wir ein Feld weiter und betrachten bei unserem Umfeld-Check die Rubrik „Kunde & Bedürfnisse". Verlassen Sie Ihre Position als Unternehmer und begeben Sie sich mit Hilfe der nachstehenden Fragen in die Kundenperspektive. Zur Vertiefung und Überprüfung helfen Ihnen Kundenbefragungen und Interviews:

- Welche Kunden bzw. Zielgruppen werden Sie zukünftig bedienen?
- Welche Erwartungen werden Kunden zukünftig an uns richten?
- Welche Probleme hat unser Kunde und wie können diese gelöst werden?
- Wie sieht das Umfeld aus - Freunde, Familie und Geschäftspartner – und welche Informationen nimmt unser Kunde hier auf?

Im letzten Quadranten haben wir mit „Fakten & Sonstiges" die Möglichkeit, interessante Information, Zahlenmaterial oder auch Inspirationen zu sammeln, die sich woanders nicht zuordnen lassen. Beispiele hierfür sind:

- Betriebswirtschaftliche Kennzahlen (Umsatzrentabilität, Personalkostenstruktur etc.).
- Entwicklung der Anzahl der Unternehmen in der Branche.
- Demografische Daten, wie z. B. Altersstruktur in ihrer Branche.

3.4 Schritt 3: Die SWOT-Analyse

Die SWOT-Analyse, ein Akronym bestehend aus den vier englischen Übersetzungen für Stärken (Strengths), Schwächen (Weaknesses), Chancen (Opportunities) und Risiken (Threats) ist ein einfach handhabbares Instrument und unterstützt dabei, die eigene Position zu bestimmen und daraus eine Strategie zu entwickeln.[50]

Nachdem Sie sich nun intensiv mit Hilfe des Umfeld-Checks mit den externen Einflussfaktoren Ihrer Branche auseinandergesetzt haben, sind Sie nun in der Lage zu bewerten, welche Chancen (Opportunities) und Risiken (Threats) sich hieraus für Ihr Unternehmen ergeben. Anschließend richten Sie den Blick in das Innere Ihres Unternehmens. Mit Hilfe des Quick-Checks und den weiteren gesammelten Eindrücken, vor allem aus der Wettbewerbsbeobachtung, ermitteln Sie Ihre Stärken (Strengths) und Schwächen (Weaknesses).

[50] *wikipedia.org/wiki/SWOT-Analyse*, letzter Zugriff 28.02.2018

Auf Basis Ihrer SWOT-Analyse können Sie Ihre weitere Unternehmensstrategie entwickeln. Stellen Sie sich dabei folgende Fragen:

Stärken-Chancen (SO)-Strategie	Wie können wir unsere Stärken aufgrund der ermittelten (Markt-)Chancen für uns nutzen?
Stärken-Risiken (ST)-Strategie	Welche Stärken können welche Risiken relativieren?
Schwächen-Chancen (WO)-Strategie	Welche Chancen können trotz Schwächen genutzt werden?
Schwächen-Risiken (WT-Strategie)	Welche Risiken können trotz Schwächen minimiert werden?

Konkrete Ideen und Maßnahmen ermitteln Sie dann im nächsten Schritt im Rahmen der Potenzial-/Ideensammlung.

3.5 Schritt 4: Die Potenzial-/Ideen-Sammlung

3.5.1 Der erste Wurf

Mit Hilfe der bisher durchgeführten Checks und der SWOT–Analyse haben Sie bestimmt schon zahlreiche Anregungen und Ideen entwickelt, die Verbesserungspotenziale in sich bergen und Ihr Unternehmen weiter voranbringen können. Notieren Sie diese auf Klebenotizzettel und bringen Sie in beliebiger Reihenfolge in dem Feld „Potenziale/Ideen" Ihres „Digital Transformation Canvas" an. Wenn Sie damit fertig sind, müssen Sie nun bewerten und entscheiden, welche Ideen Sie umsetzen möchten. Nehmen Sie eine Priorisierung vor, indem Sie einerseits schauen, wie groß der Effekt sein wird, wenn das Potenzial/Idee verwirklicht wird. Andererseits sollten Sie aber auch betrachten, wie schnell die Maßnahmen umgesetzt werden können. Ordnen Sie die Klebenotizzettel der Priorität nach von links nach rechts.

Hinweis:

Aus „psychologischen" Gründen empfehle ich Ihnen am Anfang zunächst Potenziale/Ideen zu verwirklichen, die Sie mit einem geringen zeitlichen Aufwand umsetzen können – sogenannte „Quick-wins". Das gibt Ihnen und Ihren Mitarbeitern ein gutes Gefühl, Sie sehen die ersten Fortschritte und werden mit einer größeren Motivation auch die komplexeren Vorhaben angehen.

3.5.2 Noch mehr Möglichkeiten

Wenn Sie nur wüssten, was es sonst noch alles gibt! Die digitale Welt ist variantenreich und bei meinen Recherchen bin ich immer wieder auf Dinge gestoßen, von denen ich dachte, dass das (noch) gar nicht geht. Ergänzend zu Ihren eigenen Überlegungen lohnt es sich daher immer auch weitere Informationsquellen und Gedanken von externen Beratern einzubeziehen. Da dem Thema Digitalisierung über alle Bereiche – in Politik, Wirtschaft und Medien – ein großer Stellenwert eingeräumt wird, gibt es eine Vielzahl von entsprechenden Angeboten.

Einen ersten Überblick können Sie sich verschaffen, indem Sie das Internet nutzten. Geben Sie hierzu „Digitalisierung" und Ihre Branche in Ihrer Suchmaschine ein. Beispielhaft habe ich dies einmal für die Maler-Branche getan.

Innerhalb kürzester Zeit – lediglich 0,58 Sekunden dauerte die Suche – stehen uns so folgende Informationen zur Verfügung:

- Ergebnisse einer Umfrage zur Digitalisierung in Maler- und Stuckateurbetrieben.
- Ein allgemeiner Bericht über die Digitalisierung im Handwerk.
- Ein Best-practice-Beispiel, wie ein Malerunternehmen die Digitalisierung heute bereits für sich nutzt.

Erkundigen Sie sich im nächsten Schritt bei Ihrer jeweiligen Berufskammer bzw. -verband. Dort laufen in der Regel ein Großteil der Aktivitäten rund um die Digitalisierung zusammen. Exemplarisch möchte ich auf das Informations- und Beratungsangebot für Handwerksunternehmen näher eingehen. Das Mittelstand-Digital Zentrum Handwerk ist Teil der Förderinitiative „Mittelstand 4.0 – Digitale Produktions- und Arbeitsprozesse"[51] und bietet neben zahleichen Informationen und Vorträgen auch „Demonstrationswerkstätten" an, in denen die Schwerpunktthemen

- Informations- und Kommunikationstechnik,
- Digitale Prozesse,
- Produktions- und Automatisierungstechnologien,
- IT-gestützte Geschäftsmodelle,
- Digitalisierung im Baugewerbe,

---

[51] *mittelstand-digital.de/*, letzter Zugriff 28.02.2018

für interessierte Handwerksunternehmen erlebbar gemacht werden. Ein Expertennetzwerk begleitet und unterstützt dabei über die einzelnen Phasen – von der Information bis zur Implementierung. Außerdem werden „Erfolgsgeschichten" vorgestellt, die über die Einführung digitaler Helfer in unterschiedlichsten Handwerksbetrieben – u. a. Bäckerei, Tischlerei, Sattlerei, Malerhandwerk, Elektrohandwerk – informiert. Während meiner Recherche hatte ich die Gelegenheit, das Kompetenzzentrum Digitales Handwerk Süd in Bayreuth zu besuchen, um hierbei mehr über Produktions- und Automatisierungstechnologien wie beispielsweise Building Information Modeling (BIM), 3D-Druck, (Kunststoff, Metall), Digitales Aufmaß und Drohnentechnik zu erfahren.

Ansonsten: Halten Sie die Augen offen! Sammeln Sie weitere Impulse in Ihrem privaten und geschäftlichen Umfeld, bei Mitbewerbern, innovativen Start-ups, bei Unternehmen in anderen Branchen und auch bei Software-Anbietern. Und auch bei Ihrem Steuerberater, der häufig Mandanten der gleichen oder ähnlichen Branche betreut und so zu einem wertvollen Ideengeber werden kann.

3.5.3 Check, Check, Check

In *Kapitel 2.5 Die Disziplinen der Digitalisierung* haben wir bereits anhand unseres KMU-Digi-Check eine erste Einordnung bezüglich unserer digitalen Reife vornehmen können. Dieser ist bewusst kompakt gehalten, berücksichtigt damit aber nicht alle Aspekte. Ich habe mir drei weitere Selbsttests angeschaut, die Ihnen die Möglichkeit geben Ihr Unternehmen auf noch breiterer Basis zu analysieren:

INQA-Unternehmenscheck (Offensive Mittelstand)

Die Offensive Mittelstand ist ein eigenständiges Mittelstandsnetzwerk der Initiative Neue Qualität der Arbeit (INQA) und wird gefördert durch das Bundesamt für Arbeit und Soziales. Der gleichnamige Unternehmenscheck „Guter Mittelstand" unterstützt dabei, Handlungsbedarfe in neun verschiedenen Segmenten, wie z. B. Strategie, Liquidität, Führung, Markt und Kunde, Produktions- und Leistungs-Prozess zu ermitteln. Den Fragebogen gibt es als Onlinetool oder als App.[52] Nach Beantwortung der Fragen ist es außerdem möglich, einen Maßnahmenplan auszugeben und ein auf die eigenen Handlungsfelder zugeschnittenes Unternehmenshandbuch zu erstellen.

Digitalisierungscheck (Kompetenzzentrum Digitales Handwerk)

Das bereits vorgestellte Mittelstand Digital Zentrum Handwerk - Nachfolger Kompetenzzentrum bietet mit dem Bedarfsanalyse Digitales Handwerk[53] „ein Instrument, das Handwerksbetrieben Auskunft über den Grad der Digitalisierung in ihrem Unternehmen und Weiterentwicklungspotentiale gibt."[54] Der Fragebogen umfasst 35 Fragen und ist in die fünf Kategorien Kunden & Lieferanten, Prozesse, Geschäftsmodelle, Personal und IT-Sicherheit untergliedert. Neben der Ermittlung des Ist-Zustands und dem anschließend möglichen Vergleich mit anderen Betrieben des gleichen Gewerks besteht die Möglichkeit, die Relevanz des jeweiligen Themas zu bewerten. Diese hat dann Einfluss auf die Auswertung „Themenschwerpunkte mit erhöhtem Handlungsbedarf", die als eine Art Prioritätenliste

---

[52] *inqa-unternehmenscheck.de/check/daten/mittelstand/index.htm*

[53] *bedarfsanalyse-handwerk.de/74ujMc/form/2*

[54] *handwerkdigital.de, https://t1p.de/q7fux*, letzter Aufruf 13.02.2021

bzw. Maßnahmenplan hergenommen werden kann. Es wird empfohlen, den Fragebogen gemeinsam mit einem Berater zu bearbeiten. Und das ist auch durchaus sinnvoll: Denn einerseits sind trotz diverser Erläuterungen nicht alle Fragen selbsterklärend. Andererseits braucht es aus meiner Erfahrung heraus Erläuterungen und ggf. auch Best-Practice-Beispiele, um überhaupt eine Einschätzung über die Relevanz eines Themas treffen zu können. Das Kompetenzzentrum Digitales Handwerk bietet seine Beratungen als „1:1 OnlineCoaching: Vom Prozess zur Strategie – Digitalisierung einfach machen!" – auch digital an.

Digitalisierungsindex (techconsult GmbH)

Als letztes möchte ich Ihnen noch ein Angebot vorstellen, das von der Deutschen Telekom beauftragt und von der techconsult GmbH in Kassel umgesetzt wurde. Der digitale Reifegrad wird über einen „Self-Check" ermittelt, wobei die Eingabe über eine webbasierte Oberfläche erfolgt. Der Stand der Digitalisierung wird in den vier Handlungsfeldern Beziehung zu Kunden, Digitale Geschäftsmodelle, Produktivität im Unternehmen und IT-Sicherheit und Datenschutz abgefragt. Durch die Angabe Ihrer Branche und die Anzahl der Mitarbeiter erhalten Sie nach einer Registrierung die Möglichkeit, Ihr Unternehmen mit anderen zu vergleichen. Sie können sich die Auswertungen online anschauen oder einen Bericht generieren und anschließend als PDF herunterladen. Zu den ermittelten Schwachstellen gibt es dann in Einzelfällen auch gleich noch die passende IT-Lösung – natürlich von der Telekom, denn irgendwie muss sich der Studienauftrag auch amortisieren. Auf Basis des Befragungsdesigns des „Self-Check" wird mit der Studie „Digitalisierungsindex Mittelstand 2020/2021" „Der digitale Statusquo des deutschen Mittelstands" offengelegt. Neben dem „Gesamtbericht", in dem etwas mehr als 2.000 kleine und mittleren Unternehmen ausgewertet wurden, werden zu ausgewählten Branchen, wie zum Beispiel Baugewerbe, Gastgewerbe und Handel, weitere Berichte angeboten.

Sicherlich werden Sie noch weitere Angebote finden, aber alle im Detail vorzustellen würde den Rahmen dieses Buches sprengen. Zumal sich dann die Fragen auch wiederholen und neue Ideen sich nur selten ableiten lassen.

3.6 Schritt 5: Das Projekt-Board

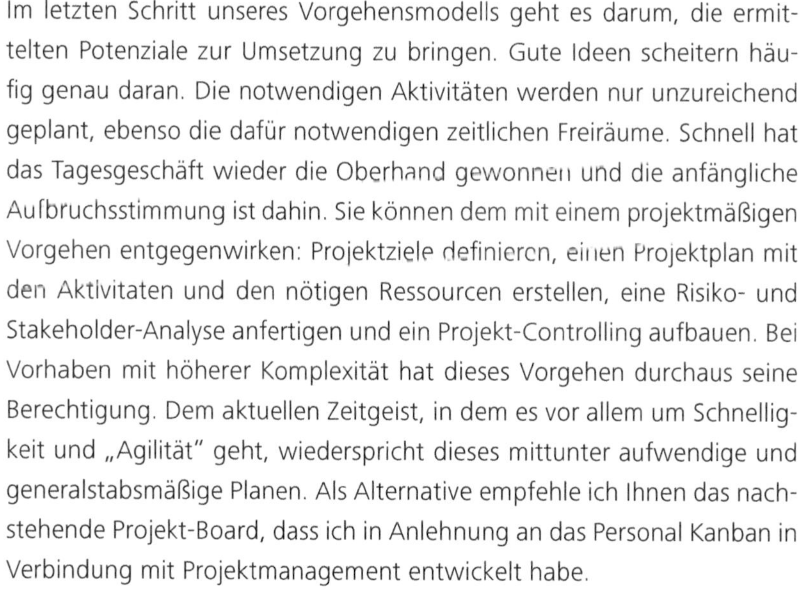

Im letzten Schritt unseres Vorgehensmodells geht es darum, die ermittelten Potenziale zur Umsetzung zu bringen. Gute Ideen scheitern häufig genau daran. Die notwendigen Aktivitäten werden nur unzureichend geplant, ebenso die dafür notwendigen zeitlichen Freiräume. Schnell hat das Tagesgeschäft wieder die Oberhand gewonnen und die anfängliche Aufbruchsstimmung ist dahin. Sie können dem mit einem projektmäßigen Vorgehen entgegenwirken: Projektziele definieren, einen Projektplan mit den Aktivitaten und den nötigen Ressourcen erstellen, eine Risiko- und Stakeholder-Analyse anfertigen und ein Projekt-Controlling aufbauen. Bei Vorhaben mit höherer Komplexität hat dieses Vorgehen durchaus seine Berechtigung. Dem aktuellen Zeitgeist, in dem es vor allem um Schnelligkeit und „Agilität" geht, wiederspricht dieses mittunter aufwendige und generalstabsmäßige Planen. Als Alternative empfehle ich Ihnen das nachstehende Projekt-Board, dass ich in Anlehnung an das Personal Kanban in Verbindung mit Projektmanagement entwickelt habe.

Projekt-Kanban-Board

Beschreibung

Ziele

Ressourcen / Budget

Analyse / Planung	Entwickeln	Test	Einführung	Fertig

Erläutern Sie unter Beschreibung zunächst grob, worum es in Ihrem Projekt geht. Definieren Sie dann die Ziele und welche Ressourcen – sprich Geld und Zeit – Sie brauchen, um Ihr Vorhaben umzusetzen. Anschließend ermitteln Sie die für die Umsetzung notwendigen Aufgaben und Aktivitäten. Notieren Sie diese auf Klebenotizzettel und bringen diese in der jeweiligen Projektphase an. Im Folgenden finden Sie ein Beispiel aus der Praxis.

3.7 Und so geht's in der Praxis

In dem nachstehenden Fall schildere ich Ihnen die Ergebnisse eines Workshops mit einem Handwerksunternehmen, das mit 5 Mitarbeitern Photovoltaikanlagen plant, montiert und entsprechende Service- und Wartungsleistungen anbietet. Ergänzend ist zu erwähnen, dass das Unternehmen bereits im letzten Jahr ein neues ERP-System eingeführt hat und im Zuge dessen die bisher händischen Regiezettel mit Zeit- und Materialerfassung auf eine mobile elektronische Variante umgestellt hat. Zudem werden alle buchhaltungsrelevanten Daten dem Steuerberater digital zur Verfügung gestellt so dass das Sammeln von Belegen im sogenannten Pendelordner mittlerweile entfällt. Weitere Services wie die Erstellung von Mahnungen und Zahlungsvorschlägen durch die Kanzlei entlasten den Firmeninhaber zusätzlich.

Im Vorfeld hatte der Firmeninhaber unseren KMU-Digital-Check ausgefüllt. Der Einstieg erfolgte über den Quick-Check.

Quick Check

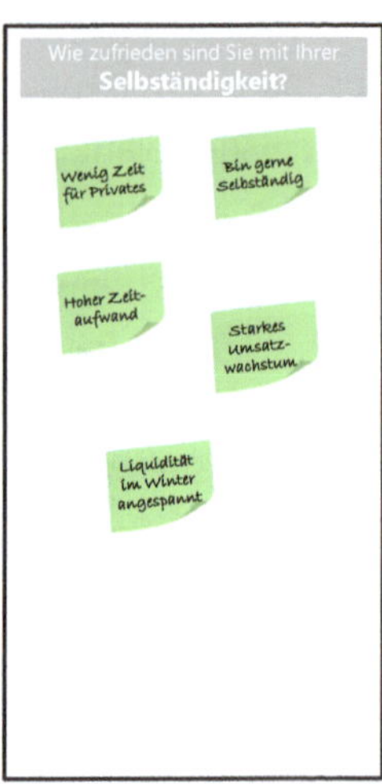

Nach dem Quick-check, für den wir rund 15 Minuten benötigt haben, war klar, dass insbesondere aufgrund des hohen zeitlichen Einsatzes, der Schwierigkeit, Mitarbeiter zu finden, des hohen Preisdrucks und der angespannten Liquiditätslage im Winter hoher Handlungs- und Veränderungsdruck besteht.

Anschließend haben wir mit Hilfe des **Digital Transformation Canvas** den Umfeld-Check und die SWOT-Analyse durchgeführt.

Digital Transformation Canvas

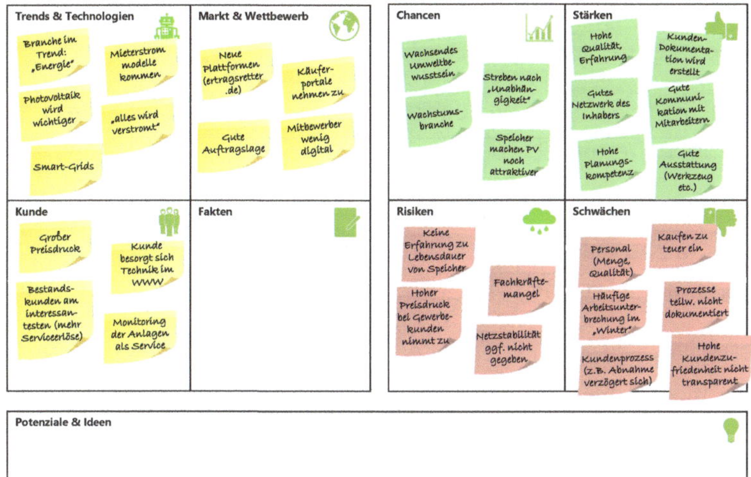

Wesentliche Ergebnisse des Umfeld-Checks sind:

- Die Branche verzeichnet eine gute Auftragslage, wobei sich zunehmend Plattformen zwischen Endkunde und Planungs-/Montagebetriebe drängen.
- Photovoltaik gewinnt im Zuge der wachsenden „Verstromung" weiter an Bedeutung.
- Es herrscht ein großer Preisdruck, vor allem im gewerblichen Bereich.
- Im Zuge dessen werden Bestandskunden und das Generieren von Serviceerlösen immer wichtiger.

Wesentliche Ergebnisse der SWOT-Analyse sind:

- Wachsendes Umweltbewusstsein und das Streben nach Unabhängigkeit, aber auch die technischen Fortschritte bei Speichertechnologien bieten gute Geschäftschancen.
- Da die Speicher-Technologien noch neu sind, gibt es keine Erfahrungswerte zur Lebensdauer.
- Das Unternehmen ist besonders stark in der Planung, liefert im Gegensatz zu vielen Mitbewerbern auch eine Dokumentation der Anlage und ist gut im Markt vernetzt.
- Die Prozesse sind nur teilweise dokumentiert und es kommt aufgrund nicht verschuldeter Verzögerungen bei der Abnahme zu einem späteren Liquiditätszufluss.
- Fachpersonal steht in quantitativer und qualitativer Hinsicht nur eingeschränkt zur Verfügung.
- In der Winterzeit müssen Arbeiten häufig unterbrochen werden und es fallen zusätzliche Rüstzeiten an.
- Die (gefühlt) hohe Kundenzufriedenheit wird nicht validiert und ausreichend nach außen dargestellt.

Auf Basis der SWOT-Analyse wurden drei wesentliche Strategien abgeleitet:

Digital Transformation Canvas

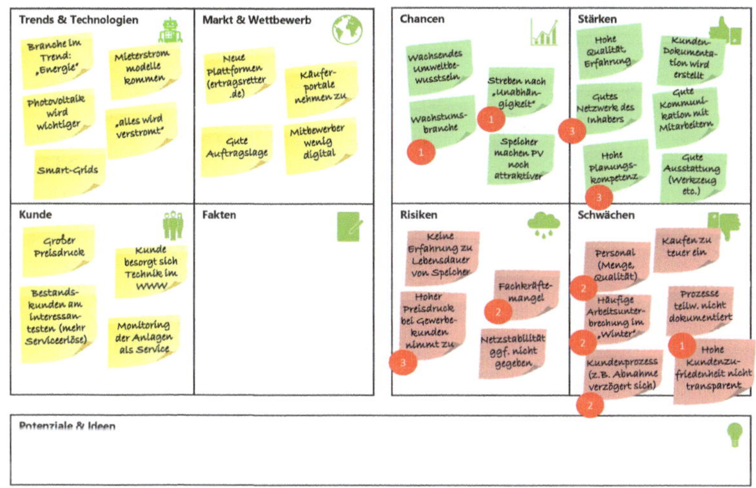

Anschließend wurden zu den Strategien 1, 2 und 3 mögliche Potenziale & Ideen zunächst gesammelt und anschließend priorisiert:

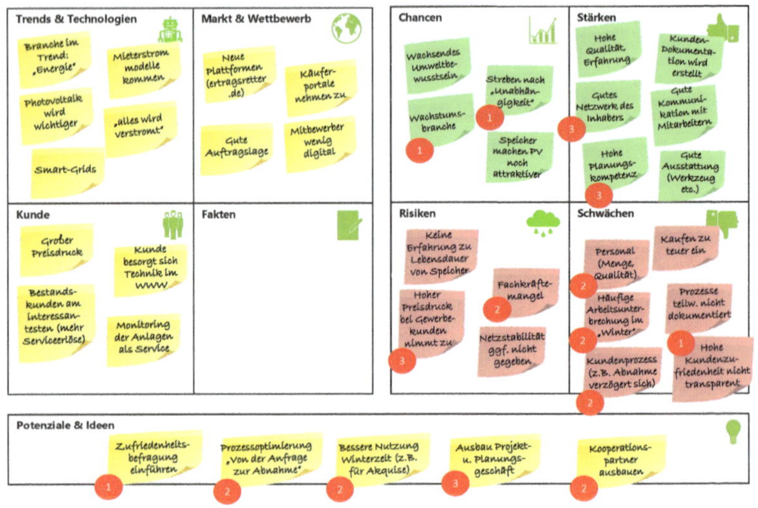

Die ermittelten Potenziale und Ideen sollen in folgender Reihenfolge zur Umsetzung kommen:

Strategie & Zielsetzung	Potenzial/Idee
Stärken-Chancen (SO)-Strategie – Nr. 1 Kundengewinnung im Segment Privatkunden, Verringerung Abhängigkeit von Gewerbekunden	Zufriedenheitsbefragung einführen
Schwächen-Risiken (WT-Strategie) – Nr. 2 Sicherstellung der Liquidität, effiziente Abwicklung bei steigender Nachfrage sicherstellen, optimaler Mitarbeitereinsatz und Kompensation knapper Ressourcen	Prozessoptimierung „Von der Anfrage zur Abnahme"
Schwächen-Risiken (WT-Strategie) – Nr. 2 Sicherstellung der Liquidität, effiziente Abwicklung bei steigender Nachfrage sicherstellen, optimaler Mitarbeitereinsatz und Kompensation knapper Ressourcen	Nutzung Winterzeit (z. B. Akquise)
Stärken-Risiken (ST)-Strategie – Nr. 3 Reduzierung des Preisdrucks bei Gewerbekunden	Ausbau Projekt- u. Planungsgeschäft
Schwächen-Risiken (WT-Strategie) – Nr. 2 Sicherstellung der Liquidität, effiziente Abwicklung bei steigender Nachfrage sicherstellen, optimaler Mitarbeitereinsatz und Kompensation knapper Ressourcen	Kooperationspartner ausbauen

Für die Umsetzung des Potenzials/Idee „Zufriedenheitsbefragung einführen" wurden mit Hilfe des Projekt-Boards die nötigen Schritte geplant.

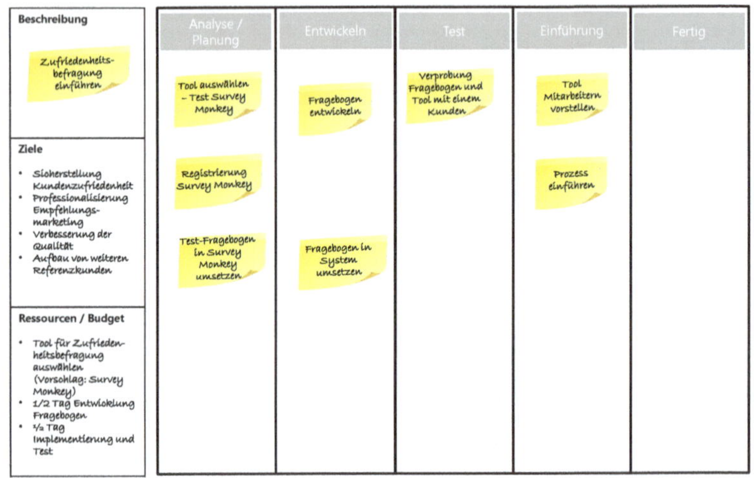

4 Und wie funktioniert Digitalisierung in der Praxis?

4.1 Vorneweg

So wichtig es auch ist, aus dem bekannten „Hamsterrad herauszuspringen“, um die aktuelle Situation zu analysieren und daraus Ideen und Strategien für die Zukunft abzuleiten. Es ist nur ein erster Schritt und im Grunde ist bis jetzt noch gar nichts passiert. „Es ist nicht genug zu wissen, man muss es auch anwenden – es ist nicht genug zu wollen, muss es auch tun“, sagte einst Johann Wolfgang von Goethe. Ich möchte Ihnen in diesem Kapitel Unternehmen vorstellen, die es im wahrsten Sinne des Wortes getan haben. Die Ideen und Potenziale verwirklicht haben und damit ihre digitale Reife weiterentwickelt haben. Fündig geworden bin ich zum einem über mein vorhandenes berufliches Netzwerk sowie neue Kontakte, die sich im Rahmen meiner Recherchen ergeben haben. Ich berichte zudem über meine eigenen Erfahrungen als Kunde, in denen mir mal mehr, und mal weniger gut aufgestellte Unternehmen begegnet sind.

Zur Einordnung der Beispiele habe ich mich an unserem „Fünfkampf der Digitalisierung“ orientiert. Da die Disziplinen „Strategie & Umsetzung“ und „Informationstechnik“ eher Unterstützungscharakter haben, habe ich die „Erfolgsgeschichten“ wie folgt gegliedert:

- Best Practice „Kunde, Produkte & Services“
- Best Practice „Prozesse“
- Best Practice „Personal“

Eines ist mir noch wichtig: Bei der Recherche habe ich von den befragten Unternehmen auch erfahren, welche konkrete Software zum Einsatz kommt. Ich möchte deutlich machen, dass die genannten Lösungen keine Empfehlung meinerseits darstellen. Ich habe mir weder einen genauen Eindruck über die Qualität der Lösung gemacht habe, noch profitiere ich von der Nennung – so wie vielleicht mancher „Influencer" über sein Instagram- oder Youtube-Business. Vielmehr möchte ich Sie auffordern, sich bei der Softwaresuche einen Überblick über alternative Anbieter zu verschaffen und die für Ihre Bedürfnisse passende Lösung auszuwählen. Nutzen Sie das Internet um weitere Produktinformationen zu sichten, schauen Sie sich Produktvideos an und häufig finden Sie auch Referenzkunden und Bewertungen.

Betrachten Sie die vorgestellten Beispiele als kleinen Ausschnitt der Möglichkeiten, die sich heute bereits realisieren lassen. Einen ersten Impuls, mit dem Sie Ihr Business weiter optimieren können, wenn Sie sich intensiver mit der Digitalisierung auseinandersetzen.

4.2 Best Practice „Kunde, Produkte & Service"

4.2.1 Morgen ist es wieder soweit

Vor einigen Monaten, beim gemeinsamen Mittagessen mit einem Kollegen, kommen wir auf das Thema „Haare schneiden". Nachdem die Tage davor recht hektisch waren, habe ich leider meinen Friseurtermin vergessen, berichte ich. „Das kann mir nicht passieren", sagt mein Kollege, zieht sein Smartphone aus Tasche und zeigt mir eine SMS, die er vormittags erhalten hat und ihn daran erinnert, dass er morgen um 11.00 Uhr einen Termin hat. Und Termine könne er außerdem auch online vereinbaren und müsse dafür nicht mal anrufen. Schade, dass das bei meinem Friseur nicht geht, fällt mir spontan ein. Gleichzeitig denke ich aber auch an die manchmal lästigen Momente, wenn meine Friseurin während eines Haarschnitts drei Mal die Arbeit unterbrechen muss, weil sie gerade heute das Telefon übernehmen muss. Oder ihre Kollegin, die stundenlang Kunden versucht zu erreichen, weil es kurzfristig einen Krankheitsfall gegeben hat.

Und wie ermöglicht der Friseursalon meines Kollegen den beschriebenen digitalen Service? Der Salon nutzt studiolution, eine Software, die neben der SMS-Erinnerung auch noch das Führen der Kasse, die Kundenverwaltung und einen Terminplaner mit Online-Terminbuchung anbietet. In unserem konkreten Fall hat der Kunde die Möglichkeit bei dem gewünschten Mitarbeiter, je nach noch freier Kapazität, zwischen 9:00 – 20:00 Uhr, einen Termin online bequem übers Smartphone, Tablet oder PC zu buchen bzw. zu stornieren. Mit folgenden Vorteilen für das Unternehmen und seine Kunden:

- Erhöhung der Kundenzufriedenheit durch Terminbuchung über verschiedene Kanäle und den Erinnerungsservice – die SMS wird einen Tag vor dem vereinbarten Termin und eine Stunde davor versendet.
- Die zusätzlichen Services bieten die Möglichkeit, sich von anderen Anbietern abzuheben (Alleinstellungsmerkmale).
- Terminausfälle reduzieren sich deutlich und führen zu einem höheren „Auslastungsgrad" der Mitarbeiter.
- Verbesserung des Prozesses „Terminabsage" in Folge von Krankheitsfällen – Kunden müssen nicht mehr einzeln telefonisch informiert werden, sondern werden automatisch via SMS informiert.

- Steigerung des Umsatzes mit Hilfe von Werbe- und Marketingaktionen auf Basis der erfassten Kundendaten mit Hilfe der integrierten E-Mail-Marketing-Funktion.

Hinweis:

Informieren Sie sich bei Ihrem aktuellen Software-Anbieter oder via Internet über potenzielle Lösungen oder Erweiterungen. Ich habe „software Termine online buchen SMS erinnerung" in meine Suchmaschine eingegeben und so einen ersten Marktüberblick erhalten. Als Zielgruppe habe ich hier neben Friseursalons noch Ärzte, Physiotherapeuten, Gastronomiebetriebe und Werkstätten entdeckt. Wenn Sie eine Lösung für Ihre Branche identifiziert haben, probieren Sie diese doch einfach mal aus. Häufig gibt es für einen begrenzten Zeitraum kostenlose Testversionen.

Ergänzender Hinweis:

Binden Sie auch Ihren Steuerberater mit in Ihre Überlegungen ein. Terminbücher, ob analog oder digital, müssen ggf. im Rahmen einer Betriebsprüfung oder einer unangekündigten Kassen-Nachschau dem Prüfer des Finanzamts vorgelegt werden.

4.2.2 Kanalerweiterung

Weihnachtszeit ist Geschenkezeit und damit auch Einkaufszeit. Und auch dieses Jahr setzt sich ein seit Jahren zu beobachtender Trend fort: Der Einzelhandel, vor allem kleinere Läden, verliert zusehends Boden gegenüber der Konkurrenz aus dem Internet. Vor einigen Monaten titelte es in der Welt „Dem deutschen Einzelhandel droht ein Massensterben", verbunden mit der Aufforderung „Händler müssen rasch Boden gutmachen".[55]

Bei der Ursachenforschung wird man dann auch schnell fündig: Entweder ist der Kunde schuld, der sich bewusst für ein Angebot aus dem Internet entscheidet oder der mächtige Online-Handel, quasi schon personifiziert durch Amazon. So sieht es beispielsweise auch ein Münchner Buchhändler, der seinen Unmut über den größten Onlinehändler und seine Geschäftspraktiken in Form eines Plakats kundtut, das er an der Ladentür anbringt und an seine Kunden appelliert doch beim ihm zu kaufen, damit es auch in einigen Jahren noch Einzelhändler gibt. Ein berechtigter Hinweis, denn je mehr Einzelhändler ihre Läden aufgeben, desto geringer wird insgesamt die Kundenfrequenz mit entsprechenden Sogwirkungen für alle anderen Einzelhändler. Wie aber lässt sich die Attraktivität eines lokalen Einzelhändlers – ohne Schuldzuweisungen in Richtung Kunden und Konkurrenz – wieder steigern?

Eine Buchhandlung, ansässig in Oberfranken, zeigt eindrucksvoll wie man die Stärken, nämlich das vorhandene Buchwissen der Buchhändlerinnen in der „Off-line-Welt" mit den neuen Möglichkeiten in Form weiterer, digitaler Kanäle kombinieren kann. Neben dem Ladengeschäft nutzt das Unternehmen, ergänzend zum stationären Geschäft, das Internet mit ei-

---

[55] *welt.de, https://t1p.de/fhw3h*, letzter Zugriff 10.01.2018

ner eigenen Webseite, soziale Netzwerke wie Facebook und Twitter, sowie einen Onlineshop, der von einem Buchgroßhändler zugeliefert wird. Außerdem gelingt es der Buchhandlung mit zusätzlichen Services, sich positiv von der Online-Konkurrenz abzuheben.

Im Einzelnen sind dies:

- Regelmäßige Veranstaltungen, vor allem Lesungen, die über die Web- und Facebookseite bekanntgemacht werden – jeder neue Post erreicht rund 1.000 „Facebook-Fans".
- Beratungskompetenz wird sichtbar gemacht, u. a. Vorstellung des „Teams" auf der Webseite.
- Kunden können sich auch online über Neuerscheinungen informieren und erhalten Buchtipps von den Buchhändlerinnen.
- Die Kunden können ihre komplette Buchbestellung über den Shop auch online abwickeln – inklusive Zahlung –, alternativ aber auch die Bestellung selbst abholen und vor Ort bezahlen.
- Entwicklung eines neuen Service in Form eines sogenannten „Bücherabo", bei dem auf den persönlichen Geschmack des Lesers zugeschnitten, eine automatische Belieferung mit neuen Büchern erfolgt – die Vermarktung erfolgt online und beliefert Kunden in ganz Deutschland sowie ins deutschsprachige Ausland.

In einem Interview mit der Inhaberfamilie habe ich erfahren, dass die erstmalige Erstellung der Webseite von einer Werbeagentur übernommen wurde. Die inhaltliche Aktualisierung und das Hochladen der neuen Seite erfolgt mittlerweile in Eigenregie und bindet im Durchschnitt eine Stunde pro Woche. Etwas zeitaufwändiger ist die Pflege der Facebook-Seite, wofür im Schnitt zwei bis drei Stunden in der Woche anfallen. „Es lohne sich,

sich mit der Thematik zu befassen, auch wenn man sich da erst mal reinfummeln muss", so der kaufmännische Leiter und ergänzt, es „lohne sich aber auf jeden Fall, da Facebook auch ein kostenloses Instrument ist."

Hinweis:

Hinterfragen Sie doch einmal, warum sich Kunden für den Online-Einkauf entscheiden und was gegen das Einkaufserlebnis vor Ort spricht. Versetzen Sie sich in den Kunden und überlegen Sie welches Problem Sie lösen und welchen konkreten Nutzen Sie liefern können. Und was unterscheidet Sie von Amazon und Co. – was können Sie besser machen, als die Konkurrenz aus dem Internet.

Es gibt übrigens einfache Methoden, die Ihnen dabei helfen, sich strukturiert in die Kundenperspektive zu versetzen. Ich nutze in meinen Workshops beispielsweise das „Value Proposition Canvas", die „Customer Journey" und die „Empathy Map". Weitere Informationen zu diesen Methoden finden Sie entweder online oder über das bereits zitierte Werk „Business Model Generation" von Alexander Osterwalder.

4.2.3 Fleisch – 24/7 und worldwide

Wechseln wir die Branche: Jetzt „geht es um die Wurst" – nicht nur sprichwörtlich – und ich möchte Ihnen zwei Unternehmen vorstellen, die zeigen, wie man sich mit digitalen und auch „analogen" Services als Metzgerei zukunftsfähig aufstellen kann. Überlegen Sie doch einmal, wie viele Metzgereien es vor zehn oder zwanzig Jahren in Ihrem Wohnort gab und wie viele davon heute noch übriggeblieben sind? Hohe Auflagen, aber vor allem die Konkurrenz durch Supermärkte und Discounter machen den Metzgereien das Leben schwer und haben in den letzten Jahren zahlreiche Betriebe zur Aufgabe gezwungen.

Über das Kompetenzzentrum Digitales Handwerk wurde ich aufmerksam auf die Metzgerei Parzen, ansässig in Bayreuth. Der Betrieb verfügt über eine zeitgemäße Webseite,[56] mit sehr ansprechenden Bildern und zahlreichen Angeboten und zielegruppengerechten Informationen: Für den Einkauf, den Verzehr vor Ort und wenn man für die Party nicht selbst Hand anlegen möchte. Außerdem löst die Metzgerei ein Problem für Spontan-Griller: Neben dem Eingang zum Ladengeschäft steht der sogenannte „24/7 Fleischomat". Hier können sich Kunden unabhängig von den Öffnungszeiten, rund um die Uhr, ihr Grillfleisch „ziehen". Bei der Vermarktung half der eigene Facebook-Auftritt. Denn anstelle einer Anzeige in der Zeitung wurde der neue Service über einen Beitrag (Post) publik gemacht, der sich schnell – im Internetjargon sagt man „viral" – verbreitete und dazu beitrug, dass „am ersten Wochenende der Automat drei Mal wieder aufgefüllt werden musste",[57] so der Inhaber Helmut Parzen. Neben weiteren Services, wie beispielsweise einen telefonischen Bestellservice oder eine kostenlose Ladestation für Elektro-Autos, hat der Juniorchef, Daniel Parzen, mit „Beef Jerky" ein neues Produkt entwickelt. Das Trockenfleisch enthält viel Eiweiß, wenig Fett, kaum Kohlenhydrate und spricht damit vor allem Sportbegeisterte an – ich selbst habe es probiert und es war richtig lecker. Die Vermarktung erfolgt im Laden, aber vor allem über einen eigenen Onlineshop.[58]

---

[56] *metzgerei-parzen.de*, letzter Zugriff 14.03.2018

[57] Grillfleisch aus dem Automaten, Nordbayerischer Kurier vom 31.05.2017, *https://t1p.de/t2g38*, letzter Zugriff 14.03.2018

[58] *brewers-jerky.de*

Ein weiteres Beispiel aus der gleichen Branche liefert die Metzgerei Böbel aus dem mittelfränkischen Rittersbach, einem Dorf mit rund 350 Einwohnern, über die kürzlich in der Zeitschrift brandeins berichtet wurde. Metzgermeister Claus Böbel nutzt schon seit vielen Jahren digitale Medien und resümiert „ohne das Internet könnten wir an diesem Standort nicht überleben".[59] Er vermarktet rund 900 Produkte in seinem Onlineshop und hat nicht nur Kunden in ganz Deutschland, sondern auch in Neuseeland und Japan. Für Kunden aus der Region bringt er die Ware mit seinem „Wursttaxi" vorbei. Und wer mal selbst Wurst „produzieren" möchte, kann ein entsprechendes Seminar bei Böbel besuchen.

Die Online-Aktivitäten der beiden Metzgereien bieten resümierend folgenden Vorteile:

- Positives Image sowie Steigerung des Bekanntheitsgrads.
- Überregionale Vermarktung von bestehenden und neuen Produkten über das lokale Ladengeschäft hinaus mit dem Ziel der Umsatzsicherung bzw. -steigerung.
- Werbliche Informationen über Online-Kanäle haben geringere Streuverluste als klassische Medien, wie beispielsweise eine Anzeige in einer Zeitung.
- Bestimmte Zielgruppen sind heute oftmals nur noch online erreichbar – die nutzerstärksten Altersgruppen auf Facebook sind übrigens die 25-34-jährigen (11 Mio.) und die 35-44-jährigen (7,9 Mio.).[60]

---

[59] Müller, Torben: Wurst für die Welt, brandeins Februar 2018

[60] Anzahl der Facebook-Nutzer nach Altersgruppen und Geschlecht in Deutschland im Januar 2018 (in Millionen), *de.statista.com*, *https://t1p.de/7k0d*, letzter Zugriff 15.03.2018

- Zusätzliche Services sorgen für Alleinstellungsmerkmale und lassen sich schneller über Onlinekanäle bekannt machen.

Hinweis:

Onlinemarketing-Kanäle wie ein Internetauftritt mit Onlineshop, einem eigenen Blog, Facebook, Instagram und YouTube sind unverzichtbare Instrumente, für KMU im Allgemeinen und für Ihr Unternehmen im Besonderen. Zumal immer häufiger der erste Kontaktpunkt zwischen einem Kunden und einem Unternehmen über das Internet entsteht.

Analysieren Sie die Online-Aktivitäten Ihrer Marktbegleiter und anderer Unternehmen, die eine große Reichweite – gemessen in Freunden, Follower oder Abonnenten – erzielen. Bezüglich der Auswahl der für Ihr Unternehmen passenden Kanäle, als auch für die Umsetzung, sollten Sie externe Unterstützung in Anspruch nehmen. Damit stellen Sie sicher, dass Ihr Online-Auftritt optisch ansprechend, rechtssicher ist (u. a. Impressum) und viele bestehende und potenzielle Kunden erreicht (z. B. über Suchmaschinenmarketing/-optimierung).

4.2.4 Zu Hause fit

Wir sind mitten im ersten durch Corona bedingten Lockdown. Es ist kurz vor 20.00 Uhr und natürlich möchte ich mich über die aktuelle Lage in dieser bewegten Zeit informieren. Kurz vor den Nachrichten gibt es den letzten Werbespot. Mit einem „auf geht's" werden Körper zum Schwitzen gebracht. Beim Indoor-Cycling oder anderen Workouts. Hier geht es um Sport von zu Hause aus, mit Online-Trainingsprogrammen, zeitunabhängig und dazu gibt es durchaus hochpreisige Fitnessgeräte. Und es scheint, als würde die Pandemie dem ohnehin schon wachsenden Trend zur Individualisierung nochmal einen deutlichen Anschub verpassen.

Das Gegenteil passiert bei all denen, deren Geschäftsmodell auf dem Anbieten von Fitnesskursen in angemieteten oder eigenen Flächen beruht. Keine großen Unternehmen, die es sich erlauben können, Werbespots zur Primetime zu senden. Kleine Studios, für die kein Vor-Ort-Kurs gleichzeitig keine Einnahmen bedeutet.

Außer man digitalisiert sein Geschäftsmodell so, wie es ein Pilates-Studio an meinem Wohnort getan hat. Kurse werden in Zeiten des Lockdowns online über das Videokonferenzsystem Zoom angeboten. Klingt erstmal einfach, aber neben der Tatsache, dass die Studioinhaberin den Umgang mit dieser Technik erst erlernen musste, galt es zudem vor allem die Mitglieder von der digitalen Variante zu überzeugen. Gelungen ist dies durch kostenlose Teststunden in der Anfangsphase. Und nach anfänglichen Schwierigkeiten auf beiden Seiten, spielte sich schnell Routine ein.

Mit Vorteilen für alle Seiten: Die Mitglieder kommen weiter in den Genuss von regelmäßigen Pilates-Stunden. Und die Studioinhaberin konnte die Corona-bedingten Einbußen geringhalten. Neben den Online-Kursen werden den Teilnehmern noch weitere digitale Services angeboten. So kann man unter Nutzung von Videos auf dem eigenen Youtube-Kanal auch außerhalb der Kursstunden an seiner Fitness arbeiten.

Ein weiterer wichtiger Schritt war die Einführung einer digitalen Lösung für die Verwaltung von An- und Abmeldungen. Auf der Webseite des Studios ist das Buchungssystem Fitogram integriert. In einem Interview hat mir die Inhaberin von dem Einführungsprozess berichtet. Am Anfang hat sie das System zunächst mit einer „digital affinen Gruppe" getestet. Es hat dann zwar „doch ein bisschen gedauert", bis sich der neue digitale Prozess eingeschliffen hat. Aber nach der „trial-and-error-Phase" wird das System nun für alle Kurse genutzt und die Studiomitglieder schätzen nun die neuen Möglichkeiten und die einfache Kommunikation.

Abgerundet wird das Informations- und Serviceangebot mit einer zeitgemäß gestalteten Webseite, einem Newsletter und seit neuestem auch mit einem Facebook- und Instagram-Account. Um hier schnell und professionell in die Umsetzung zu kommen, wurde eine Marketingexpertin hinzugezogen. In Zeiten, in denen Mundpropaganda – vor allem auch wegen der Kontaktbeschränkungen der letzten Monate – sich immer mehr ins Digitale verlagert, ist das nach Einschätzung der Studioinhaberin eine gute Investition.

Durch den Einsatz von digitalen Tools konnte das Pilates-Studie die Kundenerfahrung (Customer experience) an folgenden Stellen verbessern:

- Studiomitglieder haben die Möglichkeit, zeit- und ortsunabhängig an Pilates-Stunden teilzunehmen.
- Zeitersparnis bei den Teilnehmern durch schnelles und einfaches An- und Abmelden von Kursen.
- Erweitertes Informationsangebot über digitale Kanäle.

Einen netten Begleiteffekt hat die Einführung der digitalen Kursverwaltung auch für die Inhaberin gebracht: Jeden Tag spart sie sich zwischen 1-2 Stunden Arbeitszeit, die sonst für das Entgegennehmen von Abmeldungen, häufig verbunden mit der Frage nach Nachholmöglichkeiten, angefallen sind.

4.2.5 Neuer Anstrich gefällig

Die eigenen vier Wände. In den letzten Monaten der Ort, an dem wir – bedingt durch die Corona-Pandemie – mehr Zeit denn je zugebracht haben. Und vielleicht haben auch Sie dieses Momentum genutzt, um auszumisten, das heimische Arbeitszimmer bürotauglich zu machen oder einfach mal – anstelle des sogenannten Tapetenwechsels – die Wände neu zu streichen. Zur Auswahl des passenden Farbtons bietet sich die Möglichkeit, beispielsweise über Zeitschriften oder digital, via Internetrecherche oder soziale Netzwerke, Ideen zu sammeln. Alternativ kann man sich natürlich auch persönlich beraten lassen, beispielsweise im Baumarkt – sofern geöffnet – oder von einem Innenarchitekten.

Monja Weber und Sebastian Alt erkannten genau hierin eine Marktlücke: Um dem Ratsuchenden die stundenlange Recherche, verbunden mit der Unsicherheit, wie der mit der neuen Farbe gestrichene Raum wirkt, zu ersparen und gleichzeitig eine preiswerte Beratung zu ermöglichen, entwickelten sie einen digitalen Service und gründeten Kolorat.[61] Das Modell. Der Kunde beantwortet online einige Fragen zu dem Raum der gestaltet werden soll. Zusätzlich werden Fotos, der Grundriss des Raumes und ggf. schon erste eigene Ideen hochgeladen. Für einen attraktiven Festpreis werden von Kolorat drei individuelle Farbkonzepte vorausgewählt. Der Kunde erhält anschließend per Post eine Beratungsbox mit den Raumkonzepten und Farbmusterkarten. Ergänzend zu der Beratung kann der Kunde dann auch die entsprechende Farbe bestellen.

---

[61] *www.kolorat.de*, letzter Zugriff 13.03.2021

Kolorat ist damit nicht nur wirtschaftlich erfolgreich, sondern auch Inspirationsgeber für andere Handwerksunternehmen. Über ihre Erfahrungen, ein digitales Geschäftsmodell zu entwickeln und mit einem klassischen Malerbetrieb zu kombinieren, berichtet die Kolorat-Gründerin Monja Weber über die Kommunikationskanäle des Kompetenzzentrums Digitales Handwerk, zum Beispiel im Rahmen der „Erfolgsgeschichten"[62] sowie einem Podcast-Interview.[63] Weber stellt fest, dass „Kunden digital affiner werden und sich digitale Servicemodelle mehr und mehr durchsetzen." Bei der Entwicklung von digitalen Angeboten wie dem Online-Farbkonfigurator ist es nach ihrer Einschätzung essenziell, die „Position des Kunden einzunehmen, die Usability im Blick zu haben und zu schauen, wie der Kunde vorgeht." Die digitalen Services von Kolorat wurden hierzu bei einem „Usability-Testessen"[64], einem Veranstaltungsformat, bei dem Entwickler und Nutzer an einen Tisch gebracht werden, auf Herz und Nieren geprüft. Die Erkenntnis dabei: „Mit nur 6 Testpersonen können bereits 80 Prozent der Fehler gefunden werden."

Um die junge, digital affine Zielgruppe zu erreichen, werden täglich Beiträge in den sozialen Netzwerken veröffentlicht. Mehrere tausend Abonnenten erhalten via Pinterest und Instagram Designtipps und Beispiele zur farblichen Gestaltung unterschiedlichster Räume.

---

[62] *www.handwerkdigital.de, https://t1p.de/jsb7j,* letzter Zugriff 13.03.2021

[63] *www.handwerkdigital.de/DigiCastFolge1:DasMalerhandwerkdigitalisiert,* letzter Zugriff 13.03.2021

[64] *usability-testessen.org*

Durch den Ausbau des bestehenden Geschäftsmodells konnten zusammenfassend folgende Effekte erzielt werden:

- Generierung zusätzlicher Einnahmen über den Aufbau eines zweiten, digitalen Vertriebskanals, in Ergänzung zu dem klassischen Malerbetrieb.
- Verbesserung der Beratungs- und Servicequalität.
- Steigerung des Bekanntheitsgrads.
- Gewinnung neuer Kunden über die Erschließung einer neuen, jüngeren und überregionalen Zielgruppe.

Hören Sie doch einfach mal das Interview mit Monja Weber auf DigiCast, dem Podcast-Kanal des Kompetenzzentrum Digitales Handwerk an. Hier erfahren Sie mehr über ihr Motto „Einfach machen" und wo sie sich Inspiration für die Weiterentwicklung ihres Unternehmens holt.

4.2.6 Steuerberatung ganz ohne Parkplatz

Seit vielen Jahren begleite ich Steuerberater bei der Gründung ihrer eigenen Kanzlei. Im Rahmen von Workshops gebe ich dabei Ideen und zahlreiche Best-Practice-Beispiele erfolgreicher Kanzleigründer weiter. Um ein breiteres, repräsentatives Bild über die Erfolgsfaktoren für Kanzleigründungen zu erhalten, haben wir vor einiger Zeit bei DATEV eine Online-Befragung bei über 600 Kanzleigründern durchgeführt. In der Reihenfolge der genannten Erfolgsfaktoren rangieren ganz oben die „Unterstützung des Gründungsvorhabens durch den (Ehe-)Partner" und unmittelbar darauffolgend „Moderne Büroräume mit ausreichend Parkmöglichkeiten." Letzteres ist nicht unbedingt dem Parken des eigenen Firmenwagens geschuldet, sondern vor allem dem klassischen Geschäftsmodell von Steuerberatungskanzleien. Unternehmens-Mandanten sammeln ihre Buchhaltungsbelege in sogenannten Pendelordnern und bringen diese dann mit dem Auto in die Kanzlei. Und weil da manchmal schon ein paar Kilo zusammenkommen ist es ganz im Sinne einer positiven Kundenerfahrung, den Weg vom Kofferraum bis in den Empfangsbereich so kurz wie möglich zu halten. Der kanzleieigene Parkplatz ist zudem von Bedeutung, da Kanzleien ihre Zielgruppe in der Regel rein nach geografischen Aspekten definieren. Eine weitere strategische Option, die Spezialisierung auf bestimmte Branchen oder Beratungsthemen, wird häufig verworfen, denn die relevante Zielgruppe ist bei einer regionalen Ausrichtung häufig zu klein.

Dass eine konsequente Digitalisierung hier neue Wege ermöglicht – und den Parkplatz obsolet macht – zeigt Steuerberaterin Carina Heckmann mit ihrem digitalen Geschäftsmodell. Von ihrem Standort im nordrhein-westfälischen Kamen aus bietet sie zwar alle klassischen Steuerberaterleistungen an, hat aber dabei eine besondere Zielgruppe im Auge. „Ich spreche vor allem Frauen an, die im Online-Business tätig sind. Diese unterstütze ich als Coach dabei, ihre Buchhaltung eigenständig zu machen. Meine Kanzlei habe ich komplett digital aufgestellt. Neben meinem Webauftritt nutze ich auch soziale Netzwerke wie Facebook, Instagram oder verschiedene Podcast-Formate, in denen ich zu steuerlichen Themen informiere. Ich habe einen Online-Terminkalender, meine Mandanten können zum Beispiel direkt über Instagram einen Termin mit mir vereinbaren. Diese finden dann ebenfalls digital in Form von Video- oder Onlinegesprächen statt."[65]

[65] *www.datev-magazin.de/kanzleimanagement/erfolgreich-in-der-nische-2553*, letzter Zugriff 28.03.2021

Die Mandantinnen, die ihr Geld als Bloggerinnen, Influencerinnen oder Virtual Private Assistants verdienen, und so wie Carina Heckmann häufig auch junge Mütter sind, verteilen sich über ganz Deutschland, mit einer starken Häufung rund um Berlin.

Das digitale Empfehlungsmarketing funktioniert gut und hat Carina Heckmann einen kontinuierlichen Zustrom an neuen Mandanten beschert. In der Folge kam es zu Kapazitätsengpässen, was ein grundsätzliches Problem in wissensbasierten Berufen darstellt. Denn Beratungen finden klassischerweise individuell und persönlich statt. Zeit ist jedoch limitiert und damit auch die Anzahl der Mandanten, die man betreuen kann. Carina Heckmann hat daher ihr Geschäftsmodell weiterentwickelt und schafft mit ihrem neuen Ansatz Skalierungseffekte. „Der Steuerclub wird ein virtueller Raum der Wissensvermittlung und des Austauschs. Ich werde dort für meine Mitglieder eine Wissensdatenbank aufbauen mit Themen, die sie wirklich benötigen für eine smarte und ordentliche Buchhaltung. Vor allem – und das ist das Herzstück – wird es die Möglichkeit geben, monatlich mit mir und den anderen Teilnehmern aktuelle Fragen zu klären und Herausforderungen zu besprechen. Diese Möglichkeit biete ich dann zukünftig im Rahmen von Buchhaltungs-Beratung nur noch in der Gruppe an." Weiter stellt Carina Heckmann fest, dass „gerade bei Gründer*innen und Soloselbstständigen, die in der Regel häufig die gleichen Fragen und Probleme haben, eine Beratung in der Gruppe noch viel vorteilhafter ist. Die Mitglieder profitieren so nicht nur von einem persönlichen Beratungsgespräch mit mir, sondern auch voneinander und den anderen Fragen."[66]

---

[66] *www.lexoffice.de/blog/carina-heckmann-steuerclub/*, letzter Zugriff 29.03.2021

Das beschriebene digitale Geschäftsmodell bietet zusammengefasst folgende Vorteile:

- Spezialisierung auf eine Zielgruppe, ermöglicht durch eine digitale, überregionale Ansprache von Mandaten.
- Marketingmaßnahmen können gezielter eingesetzt werden.
- Erreichen eines „Expertenstatus" und eines hohen Bekanntheitsgrads in der Zielgruppe wird möglich.
- Weiteres Wachstum wird über das Bereitstellen von Wissen für die Zielgruppe generiert, ohne dass in gleichem Maße der Zeiteinsatz ansteigt.

Zu guter Letzt: Auf der Suche nach einem inspirierenden Arbeitsumfeld ist man nicht mehr abhängig von einem ausreichenden Angebot an Parkplätzen. Und leistet durch die digitale Arbeitsweise einen kleinen Beitrag zur Reduzierung der CO2-Emissionen. Ganz im Sinne der Nachhaltigkeitsziele (Sustainable Development Goals) der Vereinten Nationen für 2030.

4.2.7 Teppich digital

Sich von anderen Unternehmen aus dem gleichen Branchenumfeld inspirieren lassen. Von deren positiven Erfahrungen und Herausforderungen zu profitieren und für sich Ideen mitnehmen. Gerade für kleine und mittelständische Unternehmen ist dieser Ansatz ein probates Mittel für die Weiterentwicklung des eigenen Business.

Ein Impulsgeber für Unternehmen der Einzelhandelsbranche bietet beispielsweise die Initiative „Digitale Champions im bayerischen Handel"[67] . Im Auftrag des Bayerischen Staatsministeriums für Wirtschaft, Landesent-

---

[67] *digitale-champions.bayern,* letzter Zugriff 04.01.2024

wicklung und Energie werden kleine und mittelständische Einzelhändler identifiziert, die erfolgreiche Digitalisierungsstrategien im Ladengeschäft sowie online verfolgen.

Besonders beeindruckt hat mich die Geschichte von sarfi.art (BONAKDAR Teppichkultur), einem Teppichhändler in Fürth. Vielleicht auch aus dem Grund, weil ich kürzlich selbst in einem Möbelhaus war, dort einen schönen Teppich sah und mich fragte, wie der in unserem Wohnzimmer wirken würde. Aber auch, weil hier mit Augmented Reality (AR), Near Field Communication (NFC), Blockchain und Non-fungible Token (NFT) eine ganze Reihe von Technologien zum Einsatz kommen, die man eher in größeren Handelsunternehmen erwarten würde.

Aber der Reihe nach: Auslöser für das umgesetzte Digitalisierungsvorhaben bei sarfi.art (BONAKDAR Teppichkultur) war zunächst die COVID-19-bedingten Einzelhandelseinschränkungen und die Lockdowns, die den physischen Zugang zu Teppichen im Geschäft erschwerten. In einem Interview, das auf der Webseite von Digitale Champions im bayerischen Handel *digitale-champions.bayern* abrufbar ist, erläutern Negar und Navid Bonakdar, dass sie den Prozess des Teppichkaufs völlig neu denken wollten. Zu allen Teppichen wurden digitale Zwillinge in Form von 3D-Modellen erstellt. Mit Apple-Geräten der neueren Generation kann man über die Webseite *sarfi.art* mittels Augmented Reality (AR) einen gewählten Teppich in den eigenen Raum legen – ein sogenannter „Raumscan-Service". Jeder physische Teppich ist zudem mit einem QR-Code sowie einem NFC-Chip verbunden und der entsprechende Lagerort lässt sich unmittelbar ermitteln. Um die Echtheit eines Teppichs nachvollziehbar zu machen, sind diese zudem mit einem digitalen Zertifikat auf Basis der NFT-Technologie versehen und in der Blockchain registriert.

Die Digitalisierungs-Aktivitäten von sarfi.art (BONAKDAR Teppichkultur) bieten zusammenfassend folgende Vorteile:

- Kunden können sich vor einem Ladenbesuch einen Überblick über das Angebot verschaffen und bequem von zu Hause eine erste Vorstellung entwickeln, wie der gewählte Teppich in den eigenen Räumen wirkt.
- Im Laden können Dank des digitalisierten Lagersystem, basierend auf NFC-Chips, gewünschte Teppiche innerhalb einer Minute vom Lager in den Verkaufsraum gebracht werden; längere Wartezeiten werden so vermieden und sorgen für ein positives Kundenerlebnis.
- Die Effizienz und Qualität der Beratungsgespräche haben sich verbessert.
- Die Webseite wird mit der Produktübersicht und den vorgestellten Funktionalitäten zu einem weiteren, digitalen Vertriebskanal, vergrößert die Reichweite und ermöglicht das Erschließen neuer Kundenpotenziale.

Negar und Navid Bonakdar sind davon überzeugt, dass die Digitalisierung einen großen Einfluss auf die Zukunft des Einzelhandels haben wird. In ihrem konkreten Fall, bei dem es um den Verkauf eines hochpreisigen und beratungsintensiven Produkts geht, sind die digitalen Werkzeuge eine hervorragende Ergänzung, ersetzen jedoch nicht die persönliche Beratung. Anderen Einzelhändlern empfehlen beide, digitale Technologien einfach auszuprobieren. Besonders betonen sie, wie wichtig es gerade als kleines und mittelständisches Unternehmen ist, sich mit Gleichgesinnten zu vernetzen und so von anderen zu lernen.

4.2.8 Steht's zu Diensten – der digitale Assistent

Wenn es um die Zukunftsfähigkeit von Unternehmen geht, stellt sich regelmäßig die Frage nach dem Geschäftsmodell. Mit welchen Leistungen gelingt es, Nutzen beim Kunden zu generieren und gleichzeitig Ertrag zu sichern?

Kaum eine Branche ist davon ausgenommen. Auch nicht die Steuerberatungsbranche. Die technischen Entwicklungen der letzten Jahre, ganz zu schweigen von dem, was noch kommen wird, zeigen, dass eine hohe Digital- und IT-Kompetenz mit den zu wichtigsten Erfolgsfaktoren zählt und dazu beiträgt, den aktuellen Herausforderungen zu begegnen und sich für die Zukunft zu rüsten.

Genau diesen Weg verfolgt das Beratungsunternehmen Sym, das ich seit ihrer Gründung begleite. Neben den klassischen Leistungen in den Bereichen Steuern und Recht bietet die Kanzlei u.a. auch Unterstützung bei der Digitalisierung. Von den rund 50 Köpfen bei Sym arbeiten 7 IT- und Digitalisierungsspezialisten und unterstützen die Mandanten und Mitglieder des Ökosystems dabei, ihre kaufmännischen Prozesse zu optimieren. Ein konkretes Praxisbeispiel können Sie später im Buch (siehe *Kapitel 4.3.8*) kennenlernen.

Um die Mandanten zukünftig noch besser – rund um die Uhr - unterstützen zu können, hat Sym vor kurzem ein neues Projekt initiiert.

In einem Interview berichtet mir Christoph Lohr über „Lenny", einem Chatbot der sich gerade in einer Betaphase befindet. Er betont, dass für die Entwicklung der Aufbau der Datenstruktur und der entsprechenden Datenbanken von zentraler Bedeutung sind. Lenny ist mit über 500 Wissensbausteinen aus dem Symworking Ecosystem bestückt. Derzeit basiert der Chatbot auf ChatGPT, wobei es jedoch jederzeit möglich sei, auch ein anderes Front-End zu nutzen, sagt Lohr.

Die Einführung des Chatbot bietet zusammenfassend folgende Vorteile:

- Mandanten bzw. die Mitglieder des Symworking Ecosystem erhalten zu konkreten Fragen Handlungsvorschläge auf Basis der angebundenen Wissensbausteine.
- Zu gewünschten Fachthemen werden Informationen zu möglichen Ansprechpartnern oder Erfahrungen von anderen Mitgliedern des Ökosystems bereitgestellt.
- Zeitersparnis für die Mandanten bzw. Mitglieder und Verfügbarkeit rund um die Uhr (24/7).
- Da der Chatbot auch intern genutzt ergeben sich zudem zeitliche Entlastungen für die Mitarbeiter.

Das vorgestellte Beispiel zeigt, dass auch kleine mittelständische Unternehmen in der Lage sind, eigene KI-Lösungen zu entwickeln. Sofern auch die entsprechenden Kompetenzen im eigenen Unternehmen oder über Netzwerke vorhanden sind, gelingt die Umsetzung häufig sogar schneller als in größeren Unternehmen mit langen Entscheidungswegen und Entwicklungsprozessen.

Hinweis:

Informieren Sie sich aktiv über die Möglichkeiten, wie Sie KI in ihrem Unternehmen einsetzen können. Orientierung erhalten Sie beispielsweise in Form eines Besuchs von Veranstaltungen der regionalen Zentren im Netzwerk Mittelstand-Digital (*www.mittelstand-digital.de/MD/Navigation/DE/Praxis/Kompetenzzentren/kompetenzzentren.html*).

Ich hatte die Gelegenheit das Mittelstand-Digital Zentrum Franken zu besuchen, dass in dem Räumen des AN[ki]T (*ankit.hs-ansbach.de*) der Hochschule Ansbach beherbergt ist. Hier kann man KI und Robotik anschauen und erleben. Neben Informations- und Lernveranstaltungen gibt es die Möglichkeit sich von anderen Unternehmen inspirieren zu lassen, von deren Erfahrungen und Herausforderungen zu profitieren und für sich neu Ideen mitnehmen. Ergänzend können sich Unternehmen auch individuell beraten lassen.

4.3 Best Practice „Prozesse“

4.3.1 Leisten, abrechnen, zahlen!

Ich koche gerne. Und das seit einigen Jahren auch mit Gas, genauer gesagt mit einem Wokbrenner. Warum erzähle ich Ihnen davon? Leider hatten wir vor einiger Zeit einen Defekt und hierzu den Servicetechniker eines – sagen wir großen deutschen Hausgeräteherstellers – angefordert. Nachdem das Problem beseitigt war erfasste er – ausgestattet mit Notebook und einem kleinen Drucker – seine Arbeitszeit, Anfahrtspauschale und die Ersatzteile. Anschließend druckte der Servicetechniker die Rechnung aus und fragte, ob ich mit EC- oder Kreditkarte bezahlen möchte. Von der Leistung bis zur Rechnung inklusive Inkasso hatte es gerade mal eine Stunde gebraucht. Einige Wochen später kam übrigens unsere Heizungsbaufirma – bestückt mit klassischen Regieberichten. Hier dauerte der eben beschriebene Prozess rund drei Wochen – und das obwohl wir die Rechnung sofort bezahlt haben. Die negativen Begleiteffekte sind dabei unter anderem:

- Hoher Zeitaufwand für das Einsammeln und ggf. Nachhalten von Regieberichten.
- Manuelle Erfassung von Stunden im Faktura-/Auftragssystem.
- Liquidität verschlechtert sich durch hohen Bestand an nicht abgerechneten Leistungen.

Wie kleine Unternehmen Prozessverbesserungen realisieren können hat mir kürzlich der Inhaber eines Garten- und Landschaftsbaubetriebs mit fünf Mitarbeitern berichtet. Er hat bereits vor einigen Jahren die Regieberichte in Papierform durch eine digitale Variante abgelöst. Hierfür nutzt er TimeTrack, eine mobile Zeiterfassungssoftware die als App auf den

Smartphones der Mitarbeiter installiert ist. Die aktuellen Projekte werden zentral vom Inhaber administriert. Die Mitarbeiter erfassen dann, quasi wie mit einer Stoppuhr, vor Ort „auf der Baustelle" die Zeiten. Positive Begleiteffekte für den Garten- und Landschaftsbauer:

- Sofortige Erfassung der Zeiten ermöglicht jederzeit eine Übersicht über die einzelnen Projekte bzw. Baustellen.
- Die Mitarbeiter können ihre sonstigen Arbeitszeiten und Urlaubstage verwalten.
- Mehr Transparenz für die Kunden – im Vergleich zu den „Regieberichts-Zeiten" kommt es seltener bis gar nicht mehr zu Diskussionen über geleistete Zeiten.
- Die Rechnung kann deutlich schneller gestellt werden und wirkt so positiv auf die Liquidität.

Im Falle unseres Garten- und Landschafsbauer ist eine Integration der Zeiterfassung mit dem Faktura-/Auftragssystem aktuell noch nicht realisiert. Aus meiner Sicht birgt das noch mal zusätzliches Potenzial. Aber es muss auch nicht immer alles gleich perfekt und bis in letzte Detail ausgearbeitet sein. Besser heute eine 80-Prozent Lösung als morgen noch gar keine Lösung – ist hier das passende Motto.

Hinweis:

Erkundigen Sie sich über Internetrecherche, bei Branchenverbänden, Kollegen oder bei Ihrem Softwarehaus nach Lösungen für die elektronische Erfassung von Projekt- und Arbeitszeiten. Es gibt eine ganze Reihe von Apps, die von den Kosten überschaubar sind und kostenlos getestet werden können. Im Regelfall bieten die Systeme auch Exportmöglichkeiten an, so dass sowohl für Rechnungen als auch für die Personalabrechnung relevante Informationen elektronisch weiterverarbeitet werden können. Sprechen Sie hierzu auch Ihren Steuerberater an, wenn Sie die Erstellung der Lohn- und Gehaltsabrechnung ausgelagert haben. Weitere Lösungen mit Anbindung an die DATEV-Systeme finden Sie zudem auf dem DATEV-Marktplatz (*go.datev.de/marktplatz*).

4.3.2 Vom Ende des pendelnden Ordners

Im Mittelpunkt Ihres Unternehmens steht die Erbringung von Leistungen für Ihre Kunden. Diese binden den Großteil Ihrer Arbeitszeit. Darüber hinaus fallen aber auch kaufmännische Aufgaben an. Denn neben dem Schreiben von Kundenrechnungen und dem Bezahlen von Lieferantenrechnungen gilt es auch steuerliche Pflichten zu erfüllen. Dazu gehört, abhängig von der Rechtsform und Unternehmensgröße, die jährliche Erstellung und Abgabe des Jahresabschlusses sowie der jeweiligen Steuererklärungen. Unterjährig fordert das Finanzamt zudem die monatliche, manchmal auch vierteljährliche Abgabe der Umsatzsteuer-Voranmeldung (UStVA). Eine komplexe Sache, die zudem regelmäßigen Änderungen unterworfen ist. Häufig lagern KMU die Erbringung dieser Leistungen an einen Spezialisten aus: den Steuerberater!

So auch bei einem Schreinereibetrieb mit vier Mitarbeitern aus der Metropolregion Nürnberg, das sich seit einigen Jahren auf den Messebau spezialisiert hat. Die Leistungen reichen von der Planung, dem Entwurf, der Fertigung, Logistik und Transport bis hin zur besuchsbereiten Übergabe des Messestands. Damit der Steuerberater seine Leistungen erbringen kann, sammelte das Unternehmen bis vor kurzem alle buchhaltungsrelevanten Belege einem Ordner – dem sogenannten Pendelordner, da dieser Ordner quasi immer zwischen Unternehmen und Steuerberater „hin- und herpendelt". Die einzelnen Belege werden nach sogenannten Buchungskreisen – Ausgangsrechnungen, Eingangsrechnungen, Kasse und Bank – gesammelt. Bevor der Ordner dann zum Steuerberater geschickt wird, müssen zu den Kontoauszügen die dazugehörigen Belege zu den einzelnen Bankbuchungen einsortiert werden. Eine mühsame und zugleich lästige Arbeit, die ich vor vielen Jahren selbst mal im elterlichen Betrieb machen durfte. Zumal es feste Abgabetermine gibt, denn die Umsatzvoranmeldung muss am 10. des Folgemonats beim Finanzamt abgegeben werden.

Seit kurzem hat der Schreinereibetrieb den Pendelordner „beerdigt". Alle Belege werden jetzt mit dem Steuerberater digital ausgetauscht. Und wie geht so etwas?

Nachdem die alte Branchensoftware in die Jahre gekommen war, wurde die ERP-Software work4all eingeführt. Diese deckt laut Aussage des Geschäftsführers nicht nur alle spezifischen Bedürfnisse eines Messebauers ab, sondern bietet zudem die Möglichkeit, alle Belege auf elektronischem Wege dem Steuerberater zur Verfügung zu stellen. Belegen und Buchungen werden aus work4all nach DATEV Unternehmen online transferiert.

Die Bankbewegungen werden dem Steuerberater direkt von der Bank elektronisch zur Verfügung gestellt. Und welche Vorteile haben sich nun durch die digitale Zusammenarbeit mit dem Steuerberater ergeben?

- Zeitersparnis aufgrund des Wegfalls der monatlichen Aufbereitung der Buchhaltungs-/Pendelordner sowie für das Bringen und Holen der Belege – im konkreten Fall sind dies 5 Stunden pro Monat.
- Schnellere Auskunftsfähigkeit gegenüber Geschäftspartner, da alle Belege jederzeit im Zugriff sind und weitere Zeitersparnis aufgrund von der schnelleren Suche in digitalen Archiven.

Zukünftig plant der Schreinereibetrieb auch auf die Papierauswertungen vom Steuerberater zu verzichten und stattdessen alle Daten online abzurufen. Mit der beschriebenen Arbeitsweise ist es zudem möglich, den klassischen, monatlichen Buchungsintervall zu verkürzen. Ich kenne einige Steuerberatungskanzleien, die mittlerweile wöchentlich für Ihren Mandanten buchen und somit zusätzliche Services wie die Erstellung von Mahn- und Zahlungsvorschlägen übernehmen. Und entlasten damit Unternehmer von administrativen Aufgaben und Schaffen damit Freiräume – für andere geschäftliche Tätigkeiten, oder einfach nur für einen freien Sonntag mit der Familie.

Hinweis:

Erörtern Sie gemeinsam mit Ihrem Steuerberater, welche Möglichkeiten des digitalen Belegaustauschs es in Ihrem konkreten Fall gibt. Sie können sich vorab auch auf dem DATEV-Marktplatz erkundigen (*go.datev.de/marktplatz*, ob die von Ihnen heute genutzte Branchensoftware bereits über eine Schnittstelle für Buchungen und Belege zu den DATEV-Systemen (DATEV Unternehmen online, Kanzlei-Rechnungswesen) verfügen. Und noch eins ist wichtig: Lassen Sie sich hier nicht entmutigen, wenn Sie nicht auf Anhieb eine Lösung angeboten bekommen oder die Machbarkeit in Frage gestellt wird. „Geht nicht, gibt's nicht" – gilt vor allem bei der Realisierung von Schnittstellen zwischen ERP-/Warenwirtschaftssystem und dem Buchhaltungssystem!

Für die Umsetzung erhalten Softwarehäuser Unterstützung über das DATEV Developer Portal (*www.datev.de/web/de/datev-shop/zusatzangebote/datev-developer-portal/*).

Neben Informationen zu den wichtigsten Schnittstellen in die DATEV-Welt werden aktuelle News zu den Neuerungen und Anpassungen bereitgestellt.

4.3.3 Rechnungen, ohne Umschlag und Porto

Ich kann mich noch sehr gut zurück erinnern. An den seltsamen Geschmack im Mund. Während eines Praktikums durfte ich Rechnungen drucken und kuvertieren. Dann Briefmarken vom Block abtrennen, befeuchten und aufkleben. Zum Glück für meine Geschmacksnerven hatte ich mir irgendwann ein feuchtes Schwämmchen organisiert, denn gerade zum Jahreswechsel ballten sich doch immer eine ganze Menge an Rechnungen.

Bereits seit vielen Jahrzehnten gehört der klassische, papierbehaftete Rechnungsprozess, beispielsweise in der Automobilindustrie, der Vergangenheit an. Der EDIFACT-Standard ermöglicht den elektronischen Austausch von Rechnungen und anderen Belege mit den Zulieferbetrieben. Aber auch für kleine und mittelständische Unternehmen gibt es mit dem vom Forum elektronische Rechnung Deutschland (FeRD) – einer Plattform von Wirtschaft und Verwaltung zur Förderung der elektronischen Rechnung in Deutschland[68] – entwickelten ZUGFeRD[69] -Format die Möglichkeit, Rechnungen auf elektronischem Wege auszutauschen. Die Kombination aus PDF-Dokument und integrierter Rechnungsdatei im XML-Format ermöglicht zudem das elektronische Verarbeiten von Daten, wie beispielsweise den Rechnungsbetrag und die Rechnungsnummer, bei Ihren Kunden.

---

[68] Greulich/Riepolt: Digitalisierung von Geschäftsprozessen im Rechnungswesen, 2. Auflage, 2018, S. 85

[69] ZUGFeRD steht für Z entraler U ser G uide F orum e lektronischer R echnung D eutschland

Ein Praxisbeispiel zum elektronischen Rechnungsversand habe ich in meinem privaten Umfeld gefunden. Während der Schulzeit meines Sohnes habe ich regelmäßig Rechnungen von einem ortsansässigen Nachhilfeanbieter erhalten. Bei einem Gespräch mit der Inhaberin habe ich dann erfahren, dass in der Hochphase – also dann vor allem, wenn die Zwischenzeugnisse verteilt sind das Schuljahr in seine finale Phase geht – bis zu 400 Rechnungen pro Monat anfallen. Die Beweggründe die Rechnungen elektronisch zu versenden waren zum einen das Einsparen von Portogebühren, aber auch die Zeitersparnis für alle Arbeitsschritte auf dem Weg vom Drucker zum Briefkasten. Rund zwei Drittel der Kunden respektive Eltern haben dem Erhalt in elektronischer Form zugestimmt. Insgesamt fallen im Jahr 3.000 Rechnungen an, wovon rund 2.000 per E-Mail übermittelt wurden.

Die Ersparnis lässt sich relativ einfach hochrechnen. Wenn Sie nur alleine die Portokosten betrachten, dann erzielt das vorgestellte Unternehmen Einsparungen in Höhe von 1.600 Euro jährlich. Noch größer wird der Effekt, wenn man die Prozesskosten mitkalkuliert. Laut einer Untersuchung belaufen sich diese – vom Drucken, Kuvertieren zum Verschicken – auf 3,90 Euro pro Rechnung.[70] Somit ergibt sich eine Ersparnis von 7.800 Euro! Weitere finanzielle Effekte ergeben sich bei unserem Nachhilfeanbieter, wenn man die Folgeprozesse wie Mahnung und Archivierung berücksichtigt.

---

[70] Billentis Marktstudie 2018

Kostenvergleich beim Versand von Geschäftsdokumenten

	Belege erstellen	Druck, Kuvertierung, Versand	Zahlungserinnerungen	Zahlungseingang überwachen	Archivierung	Vollkosten
Papier	gleich	€ 3,90	€ 0,50	€ 4,50	€ 2,20	€ 11,10
Elektronisch, automatisiert	gleich	€ 0,00	€ 0,40	€ 3,00	€ 0,80	€ 4,50*

* = inkl. € 0.30 Transaktionskosten des Providers

Ersparnis pro Rechnung: € 6,60 oder 59%

Quelle: Billentis, 2018. Praxisbeispiel

Abbildung: Prozesskosten (beispielhaft) für Rechnungsersteller

Hinweis:

Kalkulieren Sie doch auch einmal, welche Einsparungen sich bei Ihrem Unternehmen realisieren ließe und prüfen Sie, wie Sie mit Ihrem ERP-/Warenwirtschaftssystem Rechnungen elektronisch verschicken können. Insbesondere wenn Sie als Kunden Unternehmen der öffentlichen Hand haben. Diese dürfen nämlich oftmals nur noch elektronische Rechnungen im Format der X-Rechnung annehmen.

Noch deutlicher wird die Ersparnis, wenn Sie auch den Eingang Ihrer Lieferantenrechnungen digitalisieren. Von dem einen oder anderen Lieferanten, wie zum Beispiel der Telekom oder wenn Sie über Amazon oder andere Online-Portale bestellen, erhalten Sie heute auch schon die Rechnung in elektronischer Form. Mögliche Einsparpotenziale lassen sich über die nachstehende Übersicht ableiten:

Kostenvergleich beim Empfang von Geschäftsdokumenten

* = inkl. € 0.40 Transaktionskosten des Providers

Ersparnis pro Rechnung: € 11,20 oder 64%

Abbildung: Prozesskosten (beispielhaft) für Rechnungsempfänger

Hinweis:

Analysieren Sie doch einmal den Umfang Ihrer Eingangsrechnungen und auf welchem Weg Sie heute Rechnungen von Ihren Lieferanten erhalten. Um eine digitale Bearbeitung zu ermöglichen, sollten Sie eine eigene E-Mail-Adresse für Eingangsrechnungen anlegen und Ihre Lieferanten informieren, zukünftig die Rechnung elektronisch, z. B. im ZUGFeRD-Format, zuzuschicken.

Für das „Einsammeln" der Belege gibt es übrigens Werkzeuge wie zum Beispiel GETMYINVOICES,[71] die Rechnungen aus Portalen und E-Mail-Postfächer importiert und an Ihren Steuerberater weiterleitet, der diese Belege dann für Sie elektronisch archivieren kann. Somit stellen Sie übrigens auch sicher, dass Sie die im Rahmen der GoBD[72] genannten Anforderungen, in Bezug auf die digitale Archivierung von steuerrelevanten Unterlagen, erfüllen.

---

71 Weitere Informationen unter *getmyinvoices.com/de*

72 GoBD steht für Grundsätze zur ordnungsmäßigen Führung und Aufbewahrung von Büchern, Aufzeichnungen und Unterlagen in elektronischer Form sowie zum Datenzugriff

Ergänzender Hinweis:

Nachdem auf europäischer Ebene bereits seit längerem Bemühungen in Bezug auf die Einführung einer elektronischen Rechnung und einem zentralem Meldesystem stattfinden, ist in 2023 die Bundesregierung aktiv geworden. Die „Einführung der obligatorischen elektronischen Rechnung für inländische B2B-Umsätze" wird bereits für 2025 angestrebt. Der Empfang von E-Rechnungen wird ab dem 01. Januar 2025 für inländische B2B-Umsätze verpflichtend.

Informieren Sie sich über die aktuellen gesetzlichen Entwicklungen und legen Sie frühzeitig den Grundstein für eine erfolgreiche Umsetzung und das Einhalten der gesetzlichen Anforderungen. Insbesondere ältere, nicht mehr gepflegte Softwarelösungen sind unter Umständen nicht in der Lage, die digitalen Rechnungsformate zu erzeugen und erfordern so eine Softwareumstellung. Und auch das Schreiben der Rechnung mit Textverarbeitungs- oder Tabellenkalkulationsprogrammen wird dann nicht mehr möglich sein und macht den Einsatz von alternativen Lösungen (potenzielle Anbieter finden Sie unter *go.datev.de/marktplatz*) erforderlich.

4.3.4 Zollstock und Bleistift adé

Bei meiner Suche nach weiteren interessanten Best-practice-Beispielen bin ich über meinen Kontakt mit dem Kompetenzzentrum Digitales Handwerk in Bayreuth fündig geworden. Dass die altbewährten Instrumente, wie Zollstock und Bleistift, längst der Vergangenheit angehören zeigt die Malerwerkstatt Hölzel, mit fünf Mitarbeitern, ansässig in Nordbayern. Es ist auch eines der „Leuchtturmprojekte", mit denen auch anderen Handwerksbetrieben aufgezeigt werden soll, welche Möglichkeiten die Digitalisierung bietet.[73]

Wie in unserem ersten Beispiel vorgestellt, erfolgt hier die Erfassung der Arbeitszeiten bereits vor Ort. Darüber hinaus werden Tätigkeiten und der Materialverbrauch mobil erfasst und die Baustellendokumentation erstellt. Für die Erstellung von Angeboten wird das Aufmaß digital mit einem Lasergerät erfasst und direkt via Bluetooth-Schnittstelle an die Branchensoftware übertragen – vom Angebot, zur Arbeitsvorbereitung bis hin zur Rechnungsstellung quasi in einem durchgehenden Prozess. Mit folgenden Vorteilen für den Firmeninhaber:

- Zeitgewinn durch schnellere Erstellung von Angeboten.
- Schnellere Erstellung der Rechnung und damit Verbesserung der Liquiditätslage.
- Höhere rechtliche Sicherheit, z. B. in Verbindung mit den Dokumentationspflichten im Rahmen des Mindestlohngesetzes.

---

[73] *handwerkdigital.de/erfolgsgeschichten/praxisbeispiele/*, letzter Zugriff 14.03.2018

Aber auch in Zukunft sollen noch weitere Verbesserungspotenziale im Zuge der weiteren Digitalisierung genutzt werden. So beispielsweise durch die Nutzung eines mobilen Fotoaufmaßes, bei dem eine Außenfassade mittels Tablet fotografiert wird und die Software die zu streichende Fläche – abzüglich der Fenster – errechnet. Oder durch die Nutzung von Farberkennungsgeräten, mit denen ein verwendeter Farbton exakt ermittelt werden kann.

Und auch für die Nutzung von Lösungen im Bereich der augmented reality (erweiterte Realität), gibt es zukünftig gute Anwendungsmöglichkeiten. Kunden können dann auf dem Bildschirm im Vorfeld sehen, wie ihr Haus mit einem anderen Farbanstrich aussehen könnte. Zum Wohle des Kunden – und zur Schonung der eigenen Nerven.

Hinweis:

Sollten Sie ein Handwerkerunternehmen führen, nehmen Sie doch einmal Kontakt zum Kompetenzzentrum Digitales Handwerk oder mit Ihrer regionalen Handwerkskammer auf. Hier erhalten Sie Impulse im Rahmen der „Innovations- und Technologieberatung" in Form von persönlichen Beratungsgesprächen. Außerdem werden Vorträge angeboten und weiterführendes Informationsmaterial zur Verfügung gestellt, wie zum Beispiel auch die o. g. „Erfolgsgeschichten" anderer Handwerksunternehmen, die Sie auf *handwerkdigital.de* nachlesen können.

Informieren Sie sich ergänzend über Branchensoftwarelösungen und deren Funktionalitäten. Und ganz wichtig: Bleiben Sie am Ball und beobachten Sie die Entwicklung neuer Technologien. Denn auch für die nahe Zukunft ist noch einiges zu erwarten, das uns das Leben leichter machen wird.

4.3.5 Raus aus der E-Mail-Falle

Als Non-Digital-Native war es zugebenermaßen schon ein fast berauschendes Gefühl: Nachrichten an Kunden, statt in Briefform, schnell und einfach elektronisch versenden. Und wenige Minuten später kam dann manchmal gleich die Antwort retour. Am Anfang war die E-Mail noch ein wahrer Produktivitätsbringer. Aber nicht lange, denn die exponentiell wachsenden Postfächer mutierten zur Plage und wurden mehr und mehr zum Zeitdieb.

Seit einigen Jahren hört man folgerichtig immer mal wieder von Unternehmen, die sich zum Ziel gesetzt haben, E-Mail-Programme weitestgehend abzuschaffen. Gelingen soll dies über die Ersatztechnologie „Kollaborationslösung". Und die haben gerade mit dem Beginn der Coronakrise und der damit einhergehenden Zunahme von räumlich verteilt arbeitenden Teams – in ihren jeweiligen Homeoffices – nochmal deutlich Fahrt aufgenommen.

Manchmal hat es auch sein Gutes, wenn man nicht Krisensituationen zum Anlass nimmt, um Veränderungen herbeizuführen und beispielsweise den Informationsaustausch in einem Unternehmen neu zu regeln. So hat sich eine mittelständische Steuerberatungskanzlei in Oberfranken mit ihren rund zwanzig Mitarbeitern bereits vor rund zwei Jahren auf den

Weg gemacht und Microsoft Teams als neues Werkzeug eingeführt. Bis zu diesem Zeitpunkt wurde die interne Kommunikation hauptsächlich über E-Mail abgewickelt. So auch für die Verwaltung von An- und Abwesenheiten. Mitarbeiter, die sich in die Mittagspause begeben, haben sich per Mail abgemeldet oder manchmal auch einen Haftklebezettel als Nachrichtenmedium hergenommen. Hinzu kam, dass der Posteingang nicht nur stark anwuchs, sondern sich zudem mit Mandantenanfragen durchmischte. Ein weiteres Projektziel war daher neben der Reduzierung des E-Mail-Volumens eine Trennung von internen und externen Nachrichten.

Mit der Nutzung von Microsoft Teams haben die Kanzleimitarbeiter nun die Möglichkeit, über den integrierten Chat zu kommunizieren. Die Einführung erleichtert hat die intuitive Bedienung und der Umstand, dass das Chatten im privaten Umfeld – vor allem via Whatsapp – bestens bekannt ist. Mit all seinen Vorteilen: Man verzichtet auf die sonst üblichen Formen wie Anrede, kommt schneller auf den Punkt und der Inhalt hat Vorrang vor korrekter Rechtschreibung. Das Team tauscht sich nun anlassbezogen zu konkreten Fragestellungen bei der Bearbeitung der Mandantenaufträge aus. Außerdem wurden zusätzliche Gruppen gebildet: Eine „Kanzleigruppe", in der alle Kanzleimitarbeiter über organisatorische Themen informiert werden, sowie einzelne temporäre „Projektgruppen" für den Austausch innerhalb des Projektteams. Im E-Mail-Postfach landen jetzt nur noch externe Nachrichten und bilden somit das „Sprachrohr nach außen." Außerdem haben die Mitarbeiter jetzt die Möglichkeit, ihren Anwesenheitsstatus mitzuteilen: Es ist dann für alle in der Kanzlei sichtbar ob man beispielsweise verfügbar, abwesend oder für eine konzentrierte Tätigkeit nicht gestört werden möchte.

Das war alles bereits vor Corona: Im Zuge des Lockdowns im Frühjahr 2020 wurde ein Großteil der Arbeiten auf die heimischen vier Wände verlagert. Möglich gemacht hat dies die neue Kollaborationslösung, aber auch die digitale Arbeitsweise bei der Erbringung der Leistungen für die Mandanten. Damit der fachliche, aber auch menschliche Austausch zu Zeiten des Lockdowns nicht auf der Strecke bleibt, wurden die wöchentlichen Jour fixe Meetings nun über die Videokonferenzfunktion von Microsoft Teams abgewickelt. Eine Aufzeichnung der Meetings ermöglicht jetzt auch Mitarbeitern, denen eine Teilnahme nicht möglich war, im Nachgang alle wichtigen Informationen zeitversetzt abzurufen.

Zusammenfassend haben sich folgende positiven Effekte durch die Einführung der Kollaborationslösung ergeben:

- Reduzierung des E-Mail-Aufkommens und damit einhergehend eine Reduzierung der Bearbeitungszeiten.
- Schaffung eines einheitlichen, zentralen Systems für die interne Kommunikation und Verwaltung.
- Reduzierung von Arbeitsunterbrechungen durch digitale Verwaltung von Anwesenheiten.
- Schnellere und einfachere Kommunikation via Chat.

Und auch zukünftig sind noch weitere Nutzungsszenarien denkbar: Vom Aufbau eines Intranets bis hin zur Erstellung von Videos, die die Philosophie und Arbeitsweise der Kanzlei erklären und so den On-Boarding-Prozess für neue Mitarbeiter vereinfachen.

Hinweis:

Erkundigen Sie sich in Ihrem beruflichen Netzwerk und über Internetrecherche nach „Collaboration Tools". Neben den bekannten Anbietern finden Sie mitunter auch branchenbezogene Lösungen. Über Testberichte und Videos erhalten Sie Einblick in die Funktionsweise der jeweiligen Lösungen. Und wenn Sie ein Tool ins Visier genommen haben, dann testen Sie dieses doch einfach. Die Softwareanbieter bieten mitunter Probeversionen oder kostenlose Varianten, die zwar manchmal einen reduzierten Funktionsumfang haben, aber dennoch einen guten ersten Eindruck ermöglichen.

4.3.6 Ende der Jagd

Es ist schon ein paar Jahre her, aber ich kann mich noch gut an einen Beratungstermin erinnern, bei dem ich im Auftrag einer Steuerberatungskanzlei eine mittelgroße Schreinerei bei der Einführung einer DATEV-Lösung unterstützt habe. Die für die Buchhaltung verantwortliche Mitarbeiterin schilderte mir damals als größte Schwachstelle die Verwaltung und Organisation des Rechnungseingangs. Und in diesem Zusammenhang vor allem das „Jagen" der Projektverantwortlichen, bei denen sich regelmäßig die Rechnungen türmten. Eine Folge der häufig verspäteten sachlichen Rechnungsprüfung war, dass die Skontofristen nicht gewahrt werden konnten und dem Unternehmen so bares Geld verloren ging. Da zu dieser Zeit Dokumenten-Management-Systeme mit Workflow-Funktionalitäten noch sehr kostenintensiv waren, haben wir mit einer organisatorischen Lösung zumindest die Nachverfolgung versucht zu optimieren. So richtig zufriedenstellend war das aber nicht.

Schade, dass es nicht schon damals einfache und schnell zu implementierende digitale Lösungen für diese Aufgabenstellung gab. Wie man einen Rechnungsprüfungsprozess heute technisch umsetzen kann, berichtete mir kürzlich ein Kollege anhand eines aktuellen Kundenprojekts. Ein Garten- und Landschaftsbauer mit rund zwanzig Mitarbeitern hatte im Grunde genau das gleiche Problem wie im oben genannten Beispiel. Jeden Monat gehen dort im Durchschnitt rund 200 Rechnungen – teils in Papier, teils in digitaler Form per E-Mail – ein. Die elektronischen Rechnungen werden ausgedruckt. Anschließend werden alle Rechnungen gestempelt und zur Prüfung an die jeweiligen Bauleiter weitergeleitet. Problem dabei ist jedoch, dass die Bauleiter eher auf der Baustelle, als im Büro sind. Und dann bleiben die Rechnungen erst einmal liegen. Bis die Rechnungen dann sachlich geprüft und zur Zahlung freigegeben wurden, waren die Skontofristen häufig schon verstrichen. Und nachdem Skonto bekanntermaßen der teuerste Kredit ist und der Prozess insgesamt sehr arbeitsintensiv war, ließ sich der Inhaber von seinem Steuerberater hinsichtlich der Gestaltung eines digitalen Rechnungsprüfungsprozesses beraten.

Und wie sieht der Prozess jetzt aus? Alle eingehenden Papierrechnungen werden gescannt und anschließend mit den übrigen elektronischen Rechnungen an die Lösung DATEV SmartTransfer weitergeleitet. Sofern die Kostenstelle und damit die Zuordnung auf die Baustelle nicht auf der Rechnung vorhanden ist, wird diese Information als Freitext als zusätzliches Feld erfasst. Alle Informationen der Rechnung werden über DATEV SmartTransfer ausgelesen. So auch das Zahlungsziel, Bankverbindung. Im Anschluss erhalten die Bauleiter die Rechnungen zugewiesen (mit Information aus dem Portal, dass Rechnungen zur Prüfung für ihn anstehen). Die sind mittlerweile mit Tablets ausgestattet und können so bereits unterwegs und direkt auf der Baustelle die Prüfung der Rechnung vornehmen. Die Abwicklung der Zahlungen erfolgt über DATEV Unternehmen online und die Buchhaltung sowie die steuerlichen Meldungen werden dann beim Steuerberater finalisiert.

Wesentliche Vorteile des neuen, voll-digitalen Rechnungseingangsprozesses sind:

- Reduzierung der Bearbeitungszeiten für den Rechnungsprüfungsprozess von rund 15 Arbeitstage auf maximal 1 Arbeitstag.
- Finanzielle Vorteile, da Skontierung aller Eingangsrechnungen wieder möglich sind.
- Automatischer Überblick über den Bearbeitungsstand.

Einen positiven Nebeneffekt hat der neue Prozess zudem: Manchmal auftretende Unklarheiten mit Auftraggebern und Architekten hinsichtlich einzelner Rechnungspositionen können viel schneller geklärt werden.

Hinweis:

Lassen Sie sich von Ihrem Steuerberater bezüglich der Gestaltung Ihrer kaufmännischen Prozesse beraten. Somit stellen Sie sicher, dass die gesetzlichen Anforderungen hinsichtlich der Archivierungs- und Aufbewahrungsfristen erfüllt werden. Sie können sich zudem auch direkt auf dem DATEV-Marktplatz erkundigen (*go.datev.de/marktplatz*) – wählen Sie hierzu die Rubrik „DMS & Rechnungsprüfung".

Weitere Informationen zu der in unserem Beispiel verwendeten Lösung DATEV SmartTransfer finden Sie unter *www.datev.de/smart-vernetzen*. Über dieses Online-Portal können Sie nicht nur den Rechnungseingang digital abwickeln, sondern auch den Rechnungsausgang sowie Gutschriften und Mahnungen.

4.3.7 Good-bye Excel

Angebote kalkulieren, Arbeitszeiten erfassen, Rechnungen schreiben, Controlling-Auswertungen erstellen. Für alle diese betrieblichen Aufgaben gibt es Softwareanwendungen, die deren Erledigung bestens unterstützen und in einzelnen Fällen auch Rechtssicherheit geben. Aber ganz häufig trifft man in den Unternehmen immer wieder die Situation an, dass hierfür eine Softwareanwendung zum Einsatz kommt, deren Vielseitigkeit einem Schweizer Taschenmesser gleicht: Microsoft Excel.

Und so verwundert es nicht, dass Capterra, ein Online-Marktplatzanbieter für Software, in einem seiner Blogeinträge titelt: „Digitalisierungstrends in deutschen KMU – Selbst 2019 ist Excel nicht zu stürzen". Und weiter heißt es: „In deutschen Unternehmen wird sehr häufig noch mit Word und Excel gearbeitet. Mittlerweile gibt es viele Softwareprogramme, die Excel-Tabellen ersetzen und den Zeitaufwand durch Automatisierung deutlich verringern können."[74]

---

[74] *www.capterra.com.de/blog/640/digitalisierungstrends-in-deutschen-kmu-2019*, letzter Zugriff 24.03.2021

Das dachte sich im vergangenen Jahr auch ein kleines Beratungsunternehmen für Unternehmenskäufe und -verkäufe (M&A) und Finanzierungen. Die wichtigsten betrieblichen Aufgaben liegen in der Qualifizierung von Adressen und der Verwaltung potenzieller Investoren – quasi analog einer Kunden- und Interessentendatenbank in anderen Branchen. Die EDV-technische Abwicklung hierfür erfolgte seit Jahren über entsprechende Excel-Spreadsheets. Für den Prozess der Adressqualifizierung wurden die jeweiligen Interessen der Investoren in einzelnen Felder bzw. Spalten verwaltet. Selektionen waren dann über die Filter-Funktion in Microsoft Excel möglich, wobei man hier schnell an Grenzen kam und weitere gewünschte Klassifizierungsmöglichkeiten sich schwierig gestalteten. Ein weiteres Problem war die fehlende Mehrbenutzerfähigkeit. In der Excel-Investorenverwaltung konnte immer nur ein Mitarbeiter Änderungen vornehmen.

Vor einigen Monaten hat das Beratungsunternehmen die Excel-Lösung durch eine Standardsoftware abgelöst und sich für die Einführung von SuperOffice entschieden. SuperOffice ist eine sogenannte Customer-Relationship-Management-Software (CRM), die „eine speziell auf das Kundenbeziehungsmanagement zugeschnittene Software" ist und „eine strukturierte und gegebenenfalls automatisierte Erfassung sämtlicher Kundenkontakte und -daten"[75] ermöglicht.

In dem Umstellungsprojekt wurden die vorhandenen Excel-Tabellen in die Datenbank des CRM-Systems migriert. Der Prozess der Adressqualifizierung, aber auch die Datenqualität konnten optimiert werden. Durch die

---

[75] *de.wikipedia.org/wiki/Customer-Relationship-Management#CRM-Systeme*, letzter Zugriff 27.03.2021

Anbindung des Cloud-Service Echobot[76] an SuperOffice lassen sich wichtige Kundeninformationen, die man sonst manuell recherchieren und einpflegen müsste (z. B. Umsatz, Anzahl Mitarbeiter), automatisch aktualisieren. Auch eine weitere Kernaufgabe, das Identifizieren potenzieller Investoren, ist nun deutlich leichter geworden, da sich zahlreiche Merkmale über variable UND-ODER-Abfragen verknüpfen lassen. Einen schönen Nebeneffekt hat die Ablösung von Excel außerdem noch: Aufgrund der Multiuserfähigkeit des CRM-Systems kann die Investorendatenbank von mehreren Mitarbeitern gleichzeitig bearbeitet werden.

Wenn nun für ein konkretes M&A-Projekt potenzielle Investoren identifiziert wurden entsteht daraus eine – mit Blick auf die CRM-Sprache – sogenannte Kampagne. Diese wird über das „Marketing-Modul" der CRM-Lösung abgebildet und in unserem Beispiel werden dann die gefilterten, potenziellen Investoren per Mail angeschrieben. Über eine „Tracking-Funktion" kann sogar verfolgt werden, ob der Empfänger die E-Mail geöffnet hat. Aus diesen Informationen leiten sich dann auch die weiteren Schritte der Nachverfolgung, wie zum Beispiel das telefonische Nachfassen, ab.

Zusammenfassend haben sich durch die Umstellung der Excel-basierten Lösung auf die CRM-Software für das Beratungshaus folgende Verbesserungen ergeben:

- Steigerung der Datenqualität.
- Zeitersparnis bei der Pflege und Qualifizierung der Investorendatenbank.
- Mehr Flexibilität bei der Erstellung von Adressselektionen.

---

[76] Siehe auch *www.echobot.de/*

- Zeit- und Kostenersparnis bei der Investorenansprache.
- Jederzeitige Auskunftsfähigkeit zum aktuellen Status im Projekt.

Das in unserem Beispiel geschilderte Einsatzszenario bildet nur einen kleinen Teil der Funktionsfähigkeit von CRM-Systemen ab. Der Ausgangspunkt ist manchmal, wie in unserem Fall, eine Analyse der Geschäftsprozesse und deren nachfolgende Optimierung. Er kann aber auch darin begründet sein, dass man sich als Unternehmen neu ausrichtet, neue Produkte vermarkten möchte oder den Service und die Kundenbeziehung verbessern möchte. Und dass gerade letztere von wachsender Bedeutung in digitalen Zeiten ist, konnten Sie schon im *Kapitel 2.5.3* Disziplin „Kunde, Produkte & Services" lesen.

Hinweis:

Informieren Sie sich über weitere Einsatzszenarien von CRM-Systemen in Ihrer Branche. Manchmal finden Sie auch schon in Ihren bereits genutzten Softwaresystemen zur Auftragsabwicklung und – steuerung einzelne interessante Funktionen oder ggf. auch Erweiterungsmodule, die Ihnen bei der Kundenbeziehungspflege helfen.

Außerdem finden Sie auf dem DATEV-Marktplatz (*go.datev.de/marktplatz*) unter der Rubrik „CRM" weitere Softwarelösungen, die über standardisierte DATEV-Schnittstellen sowohl einen Einsatz in Steuerberatungskanzleien, als auch in Unternehmen mit DATEV-Nutzung ermöglichen.

4.3.8 Scannen adieu – welcome Data Hub

Im *Kapitel 4.3.1* haben wir uns mit dem möglichen Ende des Pendelordners für die Abwicklung der Finanzbuchhaltung beschäftigt. Wegbereiter der vielzitierten digitalen Finanzbuchhaltung war in der Regel das Scannen von Belegen mit anschließender OCR-Erkennung. Verbunden mit dem Ziel, Buchungs-/Zahlungsvorschläge zu erstellen und somit Effizienzgewinne im Bearbeitungsprozess zu realisieren.

Perspektivisch wird durch die Einführung der E-Rechnung das Scannen als Übergangs- bzw. Brückentechnologie wegfallen. Dass technisch und prozessual aber noch viel mehr möglich ist, zeigt die Mayerhofer Elektronik GmbH mit Sitz in Sauerlach bei München. Als sogenannter EMS-Dienstleister - EMS steht für Electronic Manufacturing Service – werden seit 35 Jahren mit rund 30 Mitarbeitenden elektronische Bauteile für Unternehmen der Luft- und Raumfahrt, der Medizintechnik und für Industrieelektronikunternehmen gefertigt. „Wir streben eine End-to-end Digitalisierung an und als Teil unserer kompletten Digitalisierungsstrategie haben wir jetzt im ersten Schritt unsere Lieferanten an unsere ERP-Lösung business express angebunden", erklärt mir Merlin Reingruber, Geschäftsführer von Mayerhofer Elektronik.

Von den rund 200 Zulieferer gehen täglich mindestens 10-20 Rechnungen ein, die bisher gescannt und dem jeweiligen Vorgang im ERP-System manuell zugeordnet wurden. Ein sogenannter IOX Data Hub als Modul der Software Symsuite fungiert nun als Bindeglied – man spricht auch von Middleware – zwischen dem eigenen ERP-System und Kunden sowie Lieferanten gleichermaßen. Über eine API-Schnittstelle wurden im ersten Schritt die Lieferanten angebunden. Der oben beschriebene manuelle Zuordnungsprozess konnte damit komplett automatisiert werden.

In einer weiteren, geplanten Entwicklungsstufe sollen dann auch Kunden integriert werden. Über ein Kundenportal werden dann mit Hilfe von Luminovo – einem Anbieter von KI-Lösungen für die Elektronik-Lieferkette – Auftragseingänge automatisiert abgewickelt werden. Die KI lernt und erkennt, welche Bauteile der Kunde geordert hat und durch die Integration der eigenen und der Lieferantenbestände können eventuell notwendige Bestellungen automatisiert ausgeführt werden.

Merlin Reingruber ist überzeugt, dass zur effizienten Gestaltung der kaufmännischen Prozesse und der Entwicklung der beschriebenen Lösungen erforderlich ist, dass eine „Steuerberatungskanzlei die Digitalisierungsstrategie des Unternehmens mitgehen" sollte. Von der Digitalkanzlei, Inhaberin Lucia Schwienbacher, erhält Mayerhofer Elektronik nicht nur Rat in steuerlichen und rechtlichen Fragen, sondern wurde durch das mit der Kanzlei kooperierende Digitale Ökosystem mit dem Namen Symworking Ecosystem auch bei der technischen Umsetzung des IoX – Data Hub unterstützt. Und den passenden Partner für die oben beschriebene KI-Lösung Luminovo hat Merlin Reingruber auch durch das Symworking Ecosystem gefunden.

Zusammenfassend ergeben sich über die Implementierung des Data Hub und die Integration von Lieferanten- und Kundenprozesse folgende Vorteile:

- Der Rechnungseingangsprozess konnte extrem verschlankt werden und eine Ressourcen-/Zeitersparnis im Äquivalent zu einer Halbtagskraft realisiert werden.
- Die Schnelligkeit bei Kundenanfragen erhöht sich signifikant.

Die Mayerhofer Elektronik GmbH und Merlin Reingruber sind jedoch nicht nur in Sachen Digitalisierung weit vorne dabei, sondern auch Pionier und Botschafter in Sachen Nachhaltigkeit und Kreislaufwirtschaft in der Elektronikfertigung. Hierzu hält Merlin Reingruber regelmäßig Key Notes und in diversen Veröffentlichungen teilt er seine Erfahrungen und gibt damit wichtige Impulse und Anregungen für andere Unternehmen. Insbesondere durch die Gründung des Instituts für nachhaltige Elektronik mit dem Namen Symtronics zählt Mayerhofer Elektronik zu den Weltmarktführern in nachhaltiger Elektronik.

4.3.9 Bürokratieabbau und was man selbst tun kann

Wenn man die aktuelle Lage in deutschen Unternehmen sondiert, fällt immer wieder ein Begriff: Bürokratie. „Vor allem kleinere Betriebe leiden zunehmend unter der immer größer werdenden Regelungswut aus Brüssel, Berlin sowie Länder und Kommunen"[77] und verweist dabei auf eine Studie des Instituts für Mittelstandsforschung (IfM). Zur gleichen Erkenntnis kommt die von DATEV durchgeführte Seismografen-Studie. Auf die Frage an Steuerberatungskanzleien, welche Problemfelder deren Unternehmensmandate beschäftigen, ist die Überregulierung und Bürokratie mittlerweile die größte Herausforderung und rangiert noch vor dem Fachkräftemangel und den gestiegene Energiekosten[78].

Und was kann man nun als Inhaber eines mittelständischen Unternehmens dagegen tun? Zum einen darauf hoffen, dass die politischen Institutionen es schaffen, die Versprechen rund um den Bürokratieabbau umzusetzen und Entlastungen spürbar werden. Zudem soll mit fortschreitender

---

[77] *www.marktundmittelstand.de/finanzierung/studie-ermittelt-erstmals-kosten-fuer-buerokratie*

[78] *www.datev.de/web/de/presse/im-fokus/datev-seismograf/*

Digitalisierung die „Nutzung von elektronischen Abwicklungsverfahren (eGovernment), elektronische Kommunikation und Datenübermittlung z. B. über das Onlinezugangsgesetz (OZG) die Erfüllung bürokratischer Pflichten erleichtern und enormes zeitliche und finanzielle Einsparungspotenzial für die Unternehmen".[79]

Aber man kann natürlich das Heft selbst in die Hand nehmen, denn Bürokratie umfasst „im weitesten alltagssprachlichen Sinne alle mit Schreibarbeit und „Papierkrieg" befassten nicht-privaten Tätigkeiten".[80]

Ich habe Ihnen bereits ein Garten- und Landschaftsbauunternehmen vorgestellt (siehe *Kapitel 4.3.1*), dass Dank einer digitalen Arbeitszeiterfassung die Papier-Regiezettel ersetzen konnten. Einige Schritte weiter geht eine Lösung für Handwerksbetriebe, über die mir kürzlich ein Kollege berichtete.

Daniel Heine, Inhaber eines Zimmereibetriebs, hatte zusammen mit seinem Bruder Marco Heine, der als selbständiger Web – & App-Entwickler tätig ist, die Idee für die App „MeinHandwerker". Basis ist ein Verwaltungssystem, das webbasiert ist und über das Mitarbeiter, Kunden, Projekte etc. administriert werden. Mit der App selbst erfolgt dann beispielsweise die Erfassung der Arbeitszeiten. Hiermit wird sichergestellt, dass die seit 2023 geltenden, verschärften gesetzlichen Anforderungen zur Arbeitszeiterfassung eingehalten werden. Außerdem können Projekte bzw. Baustellen organisiert werden: Über eingesetzte Ressourcen, Dienstpläne, Bautagebücher bis hin zur Abnahme wird jeder Schritt über die App digital abgebildet. Eine Chat-Funktion ist ebenfalls integriert und ermöglicht sowohl den Austausch mit Mitarbeitern als auch mit Kunden.

---

[79] *www.ifm-bonn.org, https://t1p.de/87ko3*

[80] *de.wikipedia.org/wiki/B%C3%BCrokratie*

Ein Handwerksunternehmen, das als Referenzkunde genannt wird, betrachtet die Einführung dieser Lösung gar als „absoluten Gamechanger" und stellt eine massive Zeitersparnis fest.

Zusammenfassend bieten sich folgende Vorteile:

- Optimierung der internen Arbeitsabläufe, u. a. für die Wochenplanung, Material-Bestellung und vereinfachte Kommunikation.
- Das manuelle Übertragen von Zeiten, sowohl für die Erstellung von Rechnungen als auch für die Erstellung der Lohn- und Gehaltsabrechnung entfällt, da Schnittstellen zu zahlreichen Standardsoftwarelösungen (u. a. DATEV, KWP Software) zur Verfügung stehen.
- Für die Dokumentation der Baustellenaktivitäten (u. a. Bautagebuch, Berichte, fortlaufende Notizen) reduziert sich der Zeitaufwand.
- Informationen zu den einzelnen Projekten stehen zeitnah und auf allen Endgeräten unmittelbar zur Verfügung.
- Schnittstellen zu Branchenlösungen, die wiederum einen Datenaustausch mit DATEV-Lösungen und damit dem steuerberatenden Berufsstand ermöglichen, sorgen für eine hohe Daten- und Prozessintegrität.

Hinweis:

Erkundigen Sie sich doch via Internetrecherche einmal über weitere Lösungen, die konkret für Ihre Branche angeboten werden. Für das Handwerk bin ich beispielsweise auf einen Artikel im handwerk magazin gestoßen,[81] der einen aktuellen Marktüberblick gibt.

Und dann heißt es, getreu den Worten von Negar und Navid Bonakdar (siehe *Kapitel 4.2.7*) „einfach mal ausprobieren".

4.4 Best Practice „Personal"

4.4.1 Mitarbeiter, wo seid ihr

Wie sieht es in Ihrem Unternehmen aus? Haben Sie ausreichend Personal zur Verfügung und können Sie die Bedürfnisse Ihrer Kunden erfüllen, ohne dauerhaft in den Abendstunden und am Wochenende zu arbeiten? Falls ja, gehören Sie zu den wenigen Glücklichen. Der ehemalige DIHK-Präsident Eric Schweitzer äußerte sich in einem Interview und konstatierte, dass „die Fachkräfteknappheit mittlerweile die mit Abstand größte Sorge der Betriebe in Deutschland ist".[82] Und ergänzt, dass sich die Personalgewinnung und Personalbindung zunehmend schwieriger gestalte. Zudem falle es vor allem kleinen und mittleren Unternehmen schwerer, potenzielle Bewerber auf sich aufmerksam zu machen und dass es „ein einfaches Rezept zur Lösung" nicht gäbe.

---

[81] *www.handwerk-magazin.de/die-wichtigsten-apps-fuer-handwerker-180771/*

[82] *epochtimes.de https://t1p.de/xp5cv* letzter Zugriff 01.03.2018

Vor allem dann, wenn man versucht die jüngeren Kandidaten über das klassische Medium Stellenanzeige in der Zeitung zu erreichen. Schon häufiger in den letzten Jahren berichteten mir Firmeninhaber, dass es ihnen vor allem über die sozialen Netzwerke, primär Facebook, gelungen ist, Mitarbeiter zu rekrutieren. In einem Fall wurde nach dem mehrfachen Schalten einer Anzeige fast schon aus Verzweiflung – denn auch nach mehreren Wochen kam keine einzige Bewerbung – die Stellenanzeige abfotografiert und anschließend auf der auf Facebook-Firmenseite veröffentlicht. Mit dem Ergebnis, dass nicht nur Bewerbungen eingingen, sondern die vakante Stelle auch zeitnah besetzt werden konnte.

Digitale Kanäle zu nutzen ist das Eine. Gerade für kleine Unternehmen, die im Gegensatz zu größeren Unternehmen budgettechnisch nicht mithalten können, gilt es daher zu ungewöhnlichen Maßnahmen zu greifen. So wie die Glaserei Sterz mit Sitz in der Nähe von Bremerhaven. Der Inhaber Sven Sterz hat mit einem kurzen Video einen „viralen Hit“[83] gelandet. Sein Video, in dem er zwei Ausbildungsplätze anbietet, wurde bis Ende Februar 2018 rund 3. Mio Mal aufgerufen und es gab rund 54.000 Likes sowie an die 7.000 Kommentare. Das Drehbuch dazu: Sven Sterz geht mit einer Glastür auf dem Arm aus der Werkstatt, lässt diese fallen worauf sie in Tausende von Teilen zerbricht. Anschließend grüßt er mit einem „Moin“ sein Publikum und liest von seinem Notizzettel sein Angebot, bestehend aus finanziellen Bestandteilen – u. a. Boni für bestandene Zwischen- und Gesellenprüfung mit mindestens Note 3 und einer höheren Ausbildungsvergütung – ab, und verspricht seinem zukünftigen Auszubildenden seine ganze Unterstützung mit den Worten „ich bin immer für Dich da“. Bei der Reichweite, die das Video erzielt hat, ist es nicht verwunderlich, dass die Ausbildungsstellen mittlerweile besetzt werden konnten.

---

[83] *recrutainment.de, https://t1p.de/xr8fh*, letzter Zugriff 01.03.2018

Hinweis:

Nutzen Sie die digitalen Möglichkeiten, um sich als interessanten und attraktiven Arbeitgeber zu positionieren. Dazu gehören beispielsweise der „Karrierebereich" auf Ihrer Unternehmens-Webseite und eine Facebook-Seite. Zur „Unterstützung Ihrer Online-Aktivitäten im Personalmarketing und Recruiting sollten Sie Ihre bestehenden Mitarbeiter einladen, Inhalte viral weiter zu verbreiten – diese werden damit zu Botschaftern für Ihre Arbeitgebermarke" empfiehlt Stefan Scheller.

4.4.2 Mitarbeiter, bleibt bei uns

Die Gewinnung von neuen Fachkräften ist das Eine. Fast noch wichtiger ist es jedoch, die bestehenden Mitarbeiter zu halten und auch langfristig an das Unternehmen zu binden. Erschwerend für kleine Unternehmen kommt hinzu, dass man im direkten Wettbewerb zu großen Unternehmen steht und diese in punkto Bezahlung und Zusatzleistungen oftmals die Nase vorn haben. Stellt sich die Frage, was man als kleines Unternehmen dem entgegensetzen kann.

Eine interessante Maßnahme hat eine Steuerberatungskanzlei, ansässig in der Metropolregion Nürnberg gewählt. Eine Branche, die seit Jahren vom Fachkräftemangel stark betroffen und dadurch gekennzeichnet ist, dass schwerpunktmäßig Frauen beschäftigt sind. So kann es immer wieder passieren, dass „Familienexpansionen" zu Engpasssituationen in der Kanzlei führen, was insbesondere aufgrund von einer Vielzahl von Terminarbeiten und der damit verbundenen Einhaltung von Abgabefristen kritisch ist.

Die Kanzlei bietet allen Mitarbeiterinnen und Mitarbeitern optional die Möglichkeit Tätigkeiten auch im häuslichen Arbeitszimmer – sprich Homeoffice – zu verrichten. Damit gelingt es einerseits jungen Mütter oder auch Vätern zeitnah wieder ihre berufliche Tätigkeit aufzunehmen. Die Fahrtzeiten für den Weg ins Büro entfallen und die Arbeitszeiten können flexibel gestaltet werden. Andererseits positioniert sich die Kanzlei auch bei potenziellen Mitarbeitern als attraktiver Arbeitgeber.

Die technische Grundlage hat die Kanzlei mit der frühzeitigen Digitalisierung aller in der Kanzlei anfallenden Dokumente gelegt. Mit der Einführung des Dokumenten-Management-Systems, bei dem die Mitarbeiter übrigens frühzeitig eingebunden wurden, stehen nun alle für die Bearbeitung von Aufträgen benötigten Informationen unabhängig vom Arbeitsplatz zur Verfügung. Zudem stellen auch Mandanten ihre Belege – beispielsweise Eingangsrechnungen, Ausgangsrechnungen und Kontoauszüge – vermehrt elektronisch zur Verfügung anstatt die sogenannten Pendelordner in die Kanzlei zu bringen.

Hinweis:

Überlegen Sie doch auch einmal für sich und Ihre Branche, welche Möglichkeiten Sie hinsichtlich der Flexibilisierung von Arbeitszeiten und Arbeitsort bieten können. Diese stehen vor allem bei jüngeren Menschen hoch im Kurs. Sie steigern damit nicht nur die Attraktivität als Arbeitgeber, sondern gewinnen auch für sich persönlich mehr Flexibilität – denn auch Sie haben dann von unterwegs alle relevanten Informationen im Zugriff und müssen nicht zwingend ins Büro fahren.

4.4.3 Alle denken mit

Im letzten Jahr führte ich ein Gespräch mit einem Firmeninhaber, in dem es um Wertevorstellungen von Mitarbeitern ging. Fast schon klischeehaft wurden diese wie folgt beschrieben: Mitarbeiter kämen doch nur wegen des Geldes, wollen so schnell wie möglich nach getaner Arbeit wieder nach Hause und wenn man Meetings und Besprechungen durchführen würde, würde doch ohnehin niemand etwas sagen. Es mag durchaus sein, dass es diesen Mitarbeitertypus auch gibt. Die Mehrheit stellt jedoch andere Dinge als eine gute Bezahlung in den Vordergrund und verlässt nicht unbedingt fluchtartig den Arbeitsplatz, wenn die Arbeitszeit endet. Positive Anerkennung zur erbrachten Leistung, gute und regelmäßige Kommunikation auch mit Vorgesetzten oder eine hohe Transparenz dahingehend, wohin es mit dem Unternehmen gehen soll. Das wünschen sich Mitarbeiter von ihren Chefs heute.

In *Kapitel 2.5.6*, in dem wir die Disziplin „Personal" als Bestandteil der digitalen Reife thematisiert haben, ist deutlich geworden, dass die Welt sich deutlich verändert hat und es im Gegensatz zur dargestellten Meinung, immer wichtiger wird, das Potenzial der Mitarbeiter zu nutzen und ihnen die Möglichkeit geben, Ideen für neue Produkte und Dienstleistungen sowie für Prozessverbesserungen einzubringen. Aber wie kann dies gelingen?

Einen interessanten Weg hat hier die Steuerberatungskanzlei Schröder & Partner in Berlin gefunden, über deren Erfahrungen in der Zeitschrift brandeins[84] sowie in einem Podcast-Interview[85] berichtet wurde. Und zwar mit Hilfe der Innovationsmethode Design Thinking, bei der die Bedürfnisse der Kunden, in unserem Fall Mandanten, konsequent in den Mittelpunkt gestellt werden. Die Mitarbeiter sind hierzu in der Anfangsphase einmal pro Woche für rund 1 – 2 Stunden zusammengekommen und haben hierbei gesammelt, was Mandanten und Mitarbeiter bewegt. Die gesammelten Ideen wurden auf bunte Klebezettel notiert, festgelegt, wer sich um was bis wann kümmert, und anschließend umgesetzt. So zum Beispiel die Erstellung neuer Checklisten und die Einführung von Laufzetteln zur Dokumentation des Arbeitsfortschritts eines Jahresabschlusses. Zudem wurden Besprechungen auf 15 Minuten verkürzt und finden jetzt im Stehen statt, um so zu schnelleren Ergebnissen zu kommen. Zudem wurde ein Meldesystem eingeführt, mit dem entdeckte Fehler oder Mandantenbeschwerden schriftlich festgehalten und regelmäßig analysiert und gemeinsame Überlegungen zur deren Vermeidung entwickelt wurden. Folgende positiven Effekte wurden erzielt:

- Die ergriffenen Maßnahmen haben sich positiv auf die Qualität ausgewirkt.
- Die Kommunikation und die Zusammenarbeit untereinander und mit den Kunden haben sich deutlich verbessert.

---

[84] Kreller, Anika: Alle mal mitdenken, bitte!, in brandeins März 2017

[85] Kanzleifunk 38: Gestaltungsdenke bei Schröder & Partner *steuerkoepfe.de/2017/04/28/kanzleifunk-38/*, letzter Zugriff 11.03.2018

- Durch die gesetzten Freiräume der Kanzlei-Inhaber fühlen sich Mitarbeiter ernst genommen und denken auch über ihr eigenes Tätigkeitsumfeld hinaus.
- Die Einstellung gegenüber Veränderungen und Neuerungen hat sich positiv verändert.
- Und auch die Performance im Unternehmen kann sich sehen lassen: Seit 2010 haben sich sowohl die Mitarbeiterzahl als auch der Umsatz nahezu verdoppelt.

Hinweis:

Nutzen auch Sie das Potenzial Ihrer Mitarbeiter und geben ihnen die Gelegenheit, ihr Arbeitsumfeld mitzugestalten. Bei diesem Veränderungsprozess sollten Sie sensibel und mit Fingerspitzengefühl vorgehen. Geben Sie dabei den Mitarbeitern Zeit – in unserem Beispiel hat der Prozess rund 18 Monate gedauert – und nehmen Sie sich als Inhaber zurück. Die Erfolgschancen erhöhen sich deutlich, wenn Sie sich externe, professionelle Unterstützung dazu holen. Über das Förderprogramm unternehmensWert:Mensch – weitere Informationen finden Sie unter *www.unternehmens-wert-mensch.de* und in *Kapitel 5.2 Welche Fördermöglichkeiten gibt es?* – können Sie eine kostenlose Erstberatung in Anspruch nehmen und erhalten im positiven Falle auch Zuschüsse für die Unterstützung vor Ort in Ihrem Unternehmen durch einen sogenannten „Prozessberater".

4.4.4 Digitalisierung und Innovation „bottom-up"

Am Ende des vorangegangenen Kapitels habe ich mit dem Förderprogramm unternehmensWert:Mensch auf eine Möglichkeit hingewiesen, mit dem Sie gemeinsam mit Ihren Mitarbeitern – mit Unterstützung externer Berater – Veränderungen gestalten, um den zukünftigen Erfolg Ihres Unternehmens sicherzustellen. Auf der Suche nach einem interessanten Projektbeispiel haben sich für mich sehr wertvolle und interessante Gespräche ergeben. Zum einen mit der Ansprechpartnerin einer sogenannten Erstberatungsstelle, sowie einem Prozessberater, der Unternehmen bei der Umsetzung begleitet. Gerne möchte ich die gesammelten Informationen über die unterschiedlichen Ausgangssituationen und die Vorgehensweisen in den Projekten an Sie weitergeben, statt von einem konkreten Fall zu berichten. Zumal Sie auf der Internetseite von unternehmensWert:Mensch unter *www.unternehmens-wert-mensch.de/gute-praxis/unternehmerinnen-im-interview/* zahlreiche Erfahrungsberichte finden, in denen Unternehmen über ihre individuellen Herausforderungen, den Ablauf der Beratung und die konkreten Ergebnisse informieren.

Der Startpunkt für ein Projekt ist – wie in *Kapitel 5.2* näher ausgeführt wird – ein Gespräch mit der Erstberatungsstelle. Über meine Gesprächspartnerin bei der IHK Mittelfranken erfahre ich, dass die Ausgangssituation und die Auslöser für ein Projekt unterschiedlich sind: Da geht es um die Einführung neuer Hard- und Software, die Auswirkungen auf die Prozesse und Schnittstellen im Unternehmen hat. Oder es gibt Konflikte im Unternehmen – innerhalb der Belegschaft und/oder in der Führung – die im Ergebnis zu einer erhöhten Fluktuation führen. Die Ursachen dafür sind, dass gerade kleinere Unternehmen keine eigene Personalabteilung haben und es weder Stellenbeschreibungen/-profile gibt und noch Mitarbeitergespräche geführt werden. Und der Geschäftsführung fehlt es schlichtweg an Zeit sich um Personalthemen zu kümmern, da sie stark im operativen Geschäft gebunden ist.

Die beratenden Unternehmen kommen übrigens aus unterschiedlichsten Branchen und das Besondere an dem Förderprogramm ist, dass nicht nur gewerbliche Unternehmen und Handwerksbetriebe gefördert werden, sondern auch Freiberufler, wie beispielsweise Steuerberater und Rechtsanwälte.

Tiefere Einblicke in den typischen Ablauf von Projekte mit dem Förderprogramm unternehmensWert:Mensch habe ich von Dr. Colin Roth, Inhaber der BlackBox/Open GmbH & Co. KG und autorisierter „Prozessberater", erhalten.

Er sieht „In den Programmen die große Chance für Unternehmen ihre Innovationskraft zu stärken. Unternehmen sind häufig Umsetzungsmaschinen, mit einem erfolgreichen Geschäftsmodell. Die Frage ist aber, ob das ausreicht, um auch zukünftig wettbewerbsfähig zu sein. Innovation ist eine komplexe Veränderung und diese gelingt häufig nur durch einen externen Impuls."

Den Beratungsablauf und -inhalte beschreibt er wie folgt: „Wir erarbeiten in Workshops ein Unternehmensleitbild und führen eine SWOT-Analyse (vgl. *Kapitel 3.4*) durch. Dieses Vorgehen fördert die Selbstwirksamkeit und wir fragen dann „Was könnt ihr gut" und „Wenn es etwas zu verbessern gäbe, was wäre das." Außerdem machen wir Chancen und Risiken für das Unternehmen sichtbar."

Auf meine Frage, wie die Reaktionen und die Beteiligung der Workshopteilnehmer sind sagt Roth, dass diese „anfangs recht unterschiedlich sind. Manche Teilnehmer zeigen sich irritiert und haben das Gefühl, sie verlieren nur ihre Zeit. Andere sind dankbar, dass ihnen endlich jemand zuhört." Roth betont, dass die „Einstellung keine Frage des Alters ist und es dann die Aufgabe des Prozessberaters ist, auch die Kritiker zu begeistern. Zumal diese häufig Wissenseigner und deswegen wichtig für den Projekterfolg sind."

Im Ergebnis lässt sich, mit Blick auf die verschiedenen Projekte folgendes feststellen: „Die Unternehmensleitung ist häufig überrascht, wie die Mitarbeiter aufblühen und welch positive Lösungen erarbeitet werden. Schon alleine deshalb ist es ein Kardinalfehler, Veränderungen von oben nach unten (top down) zu tragen. Es kommt viel Bewegung ins Unternehmen und ganz häufig wollen die Mitarbeiter dann alles verändern. Da die Umsetzung aller Themen nicht sofort zu schaffen ist, setzen wir dann gemeinsam mit unseren Kunden Fokuspunkte und helfen bei der Entscheidung, welche Themen weiterverfolgt werden. Damit schaffen wir die Grundlage, dann aus eigener Kraft in die Umsetzung zu kommen."

Nachdem das Projekt abgeschlossen wird, kommt es final noch zu einem Ergebnisgespräch. Dieses wird dann wieder von der Erstberatungsstelle, gemeinsam mit der Unternehmensführung und der Mitarbeitervertretung geführt. Neben dem Blick auf die Projektergebnisse werden weitere mögliche Förderangebote besprochen. Und so kann es durchaus sein, dass sich unmittelbar das nächste Programm bzw. Projekt anschließt: Der Aufbau eines Lern- und Experimentierraums mit Hilfe von unternehmensWert:Mensch plus. Unter anderem darum geht es dann im nächsten Kapitel.

4.4.5 Um 13.00 Uhr ist Feierabend

Ich bin zum ersten Mal Teilnehmer des DATEV Digicamps, einem Veranstaltungsformat, mit dem wir die Transformation im eigenen Unternehmen fördern und hierzu den Dialog mit Kollegen, aber auch Kunden und Partner-Unternehmen suchen. Der letzte Impuls des heutigen Tags klingt vielversprechend: „Die 25-Stunden-Woche", ergänzt mit dem an Star Wars angelehnten Untertitel „Die Rückkehr der motivierten Mitarbeiter". Erich Erichsen, Steuerberater und Inhaber einer Kanzlei in Hamburg, berichtet von seinem Vorhaben, den Arbeitstag zukünftig auf 5 Stunden zu begrenzen. Manch einer würde sagen Teilzeit, aber in diesem konkreten Fall sollen die Mitarbeiter das volle Gehalt bekommen. Den Beweis, dass man einen ursprünglich auf Vollzeit ausgelegten Job auch in Teilzeit bestreiten kann, liefert Erichsen dann auch gleich mit: „Eine Mitarbeiterin hat schon vor längerem ihre Arbeitszeit von 37 auf 29 Stunden reduziert, weil sie mehr Zeit für ihre Familie haben wollte. Ich habe mit ihr besprochen, dass sie dafür keine Mandate aufgibt, auch Unterstützung wollte sie keine haben. Sie leistet die gleiche Arbeit nur viel effizienter."[86]

Mittlerweile fährt die Kanzlei das neue Arbeitszeitmodell seit etwas mehr als einem Jahr. In diversen Interviews und Podcast hat Erich Erichsen regelmäßig über den Status seines Vorhabens berichtet. Und es scheint zu funktionieren. Kritisch berichtet Erichsen aber auch über schwierige Rahmenbedingungen, bedingt durch Krankheitsfälle und die besonderen zeitlichen Belastungen durch die Corona-Krise. So gab es Perioden, in denen die Kanzleimannschaft die 25-Stunden-Woche nicht halten konnte.

---

[86] *www.datev-magazin.de/ueberregionale-veranstaltungen/mit-25-stunden-durch-die-woche-20231*, letzter Zugriff 07.03.2021

Vielleicht stellen Sie sich jetzt die Frage, ob das Modell auch etwas für Ihr Unternehmen ist. Oder haben es sogar gleich in die Kategorie „Träumerei und Spinnerei" abgelegt. Natürlich ist es so, dass sich das vorgestellte Modell eher in wissensbasierten Berufen umsetzen lässt, als beispielsweise im Handwerk oder im Einzelhandel. Aber vielleicht lassen sich einzelne Erkenntnisse und daraus resultierende Maßnahmen auch in Ihrem Unternehmen umsetzen, um mehr zeitliche Freiräume zu gewinnen. Meine Empfehlung daher: Begegnen Sie neuen Modellen offen, ohne vorschnell zu werten. Richten Sie Ihren Blick zuerst auf die Chancen und erst dann auf eventuelle Probleme.

Und zu guter Letzt: Informieren Sie sich ausführlich zu dem Thema. Genau das habe ich im Nachgang zu dem Impulsvortrag gemacht. Zum einen über die bereits erwähnten Podcasts, aber auch mit Hilfe des Buches „Die 5-Stunden-Revolution" von Lasse Rheingans, dem Inhaber einer Bielefelder Werbeagentur, der das Modell bereits vor einigen Jahren erfolgreich umgesetzt hat und auch für Erich Erichsen ein wichtiger Impulsgeber war. Außerdem bin ich auf Parkinsons Gesetz gestoßen, das besagt: „Arbeit lässt sich wie Gummi dehnen, um die Zeit auszufüllen, die für sie zur Verfügung steht."[87] Wir arbeiten also einfach ein bisschen langsamer oder schieben die Arbeit und die Erledigung einzelner Aufgaben vor uns her – bis zum Ende des Arbeitstags. In dem Zusammenhang spricht man auch von Prokrastination, umgangssprachlich auch als „Aufschieberitis" bezeichnet. Mit der Einführung der 25-Stunden-Woche – bei vollem Gehalt – hat Lasse Rheingans in seiner Agentur die Kopplung der Bezahlung mit der geleisteten Zeit aufgebrochen: „Wenn es mir als Unternehmer also gelingt, meine Mitarbeiter in fünf Stunden Arbeitszeit dieselbe oder

---

[87] *www.brandeins.de/magazine/brand-eins-wirtschaftsmagazin/2005/machtwechsel/was-ist-eigentlich-parkinsons-gesetz*, letzter Zugriff 13.03.2021

gar eine höhere Leistung als in acht Stunden erbringen zu lassen, wenn ich sie also produktiver werden lasse, dann gewinnen beide Seiten. Meine Leute gewinnen mehr Zeit für sich und ihre Bedürfnisse, und ich gewinne als Unternehmer die wichtigste Ressource der Zukunft: zufriedene und hoch motivierte Mitarbeiter."[88]

Beide, sowohl Lasse Rheingans, als auch Erich Erichsen betonen, dass die wichtigste Grundvoraussetzung für die Umsetzung des Modells in der Zustimmung der Mitarbeiter lag. Wenn das Commitment der Belegschaft gegeben ist, können in der nächsten Phase gemeinsame Workshops durchgeführt, um Zeitfresser zu identifizieren und Unterbrechungen zu vermeiden. „Es sind viele einzelne mit Sinnlosigkeiten verbrachte Minuten, die sich letztlich zu Stunden addieren. Man muss die Mitarbeiter dafür sensibilisieren und sie dann selbst mit Ideen kommen lassen. Mit Vorschriften erreicht man nichts. Es müssen gemeinsam diskutierte und als sinnvoll erachtete Teamregeln geschaffen werden. Im Übrigen gilt dies auch für das generelle Verständnis eines Fünf-Stunden-Tages. Haben alle das gleiche Verständnis, was das für jeden bedeutet?"[89]

In der Praxis heißt das dann: Fokussiert und konzentriert an den eigenen Aufgaben arbeiten. Ablenkungen, sei es doch Telefonate, automatische E-Mail-Benachrichtigungen oder das Checken der privaten Social-Media-Kanäle einzuschränken. Optimierte Prozesse, vor allem auch die Nutzung digitaler Möglichkeiten, spielen natürlich auch eine große Rolle. Dazu sagt Rheingans: „Vielleicht werden hier noch zu wenig die Vorteile der Digitalisierung genutzt – und Menschen noch mit Arbeit im Acht-Stunden-Tag belastet, die viel eher durch Algorithmen und Roboter abgelöst

---

[88] Rheingans, Lasse: Die 5-Stunden-Revolution

[89] Rheingans, Lasse: Die 5-Stunden-Revolution

werden sollte. Auch in anderen Branchen gibt es ein schlagendes Argument, warum der Fünf-Stunden-Tag sinnvoll ist: Die Mitarbeiter haben endlich wieder den Kopf frei, um aus der Entfernung Innovations- und Optimierungspotenziale zu entdecken."[90]

Zusammenfassend lassen sich folgende Vorteile aus den vorgestellten Projektbeispielen ableiten:

- Steigerung der Mitarbeiterzufriedenheit durch eine bessere Vereinbarkeit von Beruf, Familie und mehr zeitliche Freiräume.
- Mitarbeiter bringen selbständig neue Ideen für Prozessverbesserungen ein.
- Stärkung der Zusammenarbeit im Team.

Einen netten Nebeneffekt hat die Einführung der 25-Stunden-Woche in beiden genannten Fällen: Eine der größten Herausforderungen, die Gewinnung von neuen Mitarbeitern haben beide Unternehmen gelöst. Die Arbeitgeberattraktivität und auch die Bekanntheit konnten deutlich gesteigert werden und Bewerbungen kommen von selbst.

4.4.6 Digital „aufgeschlaut"

Es ist Februar 2021. Nach fast einem Jahr Pandemie, viel Selbsterfahrung beim Arbeiten im Homeoffice und zahlreichen Berichten von befreundeten Lehrern, Eltern und Schülern lese ich die Überschrift „Bundeskanzlerin und Bundesbildungsministerin betonen Bedeutung der Digitalisierung in der Bildung"[91] und in den nachfolgenden Ausführungen, dass es „umso

---

[90] Rheingans, Lasse: Die 5-Stunden-Revolution

[91] *www.presseportal.de/pm/67245/4845033*, letzter Zugriff 19.03.2021

wichtiger ist [es], das Lernen, Lehren und Ausbilden mit digitalen Angeboten weiterzuentwickeln und digitale Kompetenzen in der Breite zu stärken." Leider haben uns die letzten Monate die Defizite und Versäumnisse bei der Digitalisierung verdeutlicht. Was für die Lehre und Ausbildung von jungen Menschen gilt, ist natürlich auch relevant für Unternehmen und die betriebliche Weiterbildung. Und so wird allenthalben angeführt, man müsse mit Blick auf die Zukunft die „Digitale Kompetenz" der Belegschaften weiterentwickeln. Manchmal neigen wir dazu, Begrifflichkeiten wie selbstverständlich zu verwenden, ohne dabei genau zu betrachten, was im eigentlichen Sinne damit gemeint ist. Wenn wir das Online-Lexikon Wikipedia hierzu fragen, dann beinhaltet „Digitale Kompetenz alle Fähigkeiten, die ein Individuum benötigt, um sich in einer digitalen Gesellschaft zurechtzufinden, in ihr zu lernen und zu arbeiten" und, dass neben Kenntnissen in der Anwendung von Computersystemen „eine breite Palette von Verhaltensweisen, Strategien und Identitäten [umfasst], die in einem bestimmten digitalen Umfeld wichtig sind."[92]

Dr. Colin Roth, der mit seinem Beratungsunternehmen BlackBox/Open auch Weiterbildungsangebote zur Stärkung der Digitalen Kompetenz anbietet, betont vor allem die psychologische Perspektive. „Natürlich sind technische Kompetenzen wichtig und das Beherrschen von bestimmten Tools erleichtert das Zurechtfinden, vor allem in der Corona-Zeit. Schnell gelangt man jedoch ins Überfachliche: Selbstmanagement-Kompetenzen, sich gut zu strukturieren und zu organisieren sowie eine psychische Widerstandskraft (Resilienz) zu entwickeln, helfen gerade in einer von Homeoffice, fehlender Sozialkontakte und durch VUCA[93] geprägten Zeit.

---

[92] *de.wikipedia.org/wiki/Digitale_Kompetenz*

[93] VUCA ist ein Akronym, das sich auf „volatility" („Volatilität"), „uncertainty" („Unsicherheit"), „complexity" („Komplexität") und „ambiguity" („Mehrdeutigkeit")

Von Bedeutung ist zudem auch das richtige Mindset, das Glauben an die eigene Veränderungsfähigkeit. Das kann man sich nicht durch Beratung einkaufen, sondern entwickelt sich durch Erfahrung." Roth erwähnt in diesem Zusammenhang die Mindset-Theorie der amerikanischen Psychologin Carol Dweck. Sie unterscheidet in zwei mentale Grundeinstellungen von Menschen: Auf der einen Seite Menschen mit einem statischen Selbstbild (fixed mindset), die glauben durch ihre Eigenschaften festgelegt zu sein und schnell aufgeben, wenn die Anforderungen steigen. Auf der anderen Seite Menschen mit einem dynamischen Selbstbild (growth mindset), die an ihre Entfaltungsmöglichkeiten glauben und offen sind für Neues.[94] Wenn Sie sich intensiver mit der Mindset-Theorie beschäftigen wollen, empfehle ich Ihnen zum Einstieg den Vortrag „Der Glaube an die eigene Lernfähigkeit"[95], den Carol Dweck vor einigen Jahren bei einem TED-Talk gehalten hat.

Zu den digitalen Kompetenzen gehören „zu guter Letzt auch methodische Kompetenzen, wie die Kenntnis und Anwendung agiler Methoden wie zum Beispiel Design Thinking und SCRUM."

So weit so gut: Jetzt haben Sie einen Eindruck gewinnen können, welche Kompetenzen gefragt sind. Stellt sich die Frage, wie man nun die „Digitale Kompetenz" im Unternehmen weiterentwickelt. Und auch da kann das Förderprogramm „unternehmensWert:Mensch" gut unterstützen. Diesmal in der Variante „unternehmensWert:Mensch plus". Hier wird ein „Lern- und Experimentierraum" in Form eines sogenannten Labs gegründet. Ein Lab „ist grundsätzlich ein physischer und/oder virtueller Raum,

---

[94] Vgl. Dweck, Carol: Selbstbild – Wie unser Denken Erfolge oder Niederlagen bewirkt, 2015

[95] *www.ted.com/talks/carol_dweck_the_power_of_believing_that_you_can_improve/transcript?newComment&language=de*

der der Initiierung und Umsetzung innovativer Ideen dient."[96] Es gibt definierte Rollen, wie zum Beispiel einen Lenkungsausschuss, das Lab-Team und einen Lab-Verantwortlichen. Als verbindliche Arbeitsmethode wird SCRUM angewendet.

Von den hier genannten Vorgehensweisen und Methoden hört man regelmäßig aus der Welt der Großunternehmen und Konzerne und es stellt sich mir die Frage, ob sich diese für kleinere Unternehmen überhaupt eignen und die Projektteilnehmer überfordern. „Auf jeden Fall funktioniert das auch in kleinen Unternehmen", schildert Colin Roth seine Erfahrungen aus einer Vielzahl von Beratungen. Die Lab-Team-Gründungen kommen sehr gut an. Die Beteiligung der Mitarbeiter ist eine riesengroße Bereicherung. Die Geschäftsführer sehen, was die Mitarbeiter draufhaben. Überfachliche Kompetenzen werden sichtbar und für alle ist es ein Booster für die Selbsterfahrung." Und schildert noch ein konkretes Beispiel von einem Garten- und Landschaftsbauer: „Da sitzen richtige Naturburschen, die auf den ersten Blick mit digital gar nichts zu tun haben. Aber dann überraschen sie sich gegenseitig und ihre Chefs mit tollen Ideen. So zum Beispiel, dass man das Schneiden von Bäumen und Sträuchern über Youtube-Tutorials erklären könnte und damit sich auch die Rekrutierung von neuen Mitarbeitern erleichtern würde. Das würde dann das Problem lösen, dass man Aufträge nicht annehmen kann, weil Personal fehlt."

Summa summarum hilft der Aufbau eines Labs nicht nur bei der Umsetzung von Innovation im Unternehmen, sondern zahlt darüber hinaus auf die Entwicklung der überfachlichen Kompetenzen ein und hilft so, die die Digitalkompetenz zu steigern.

---

[96] *www.rkw-kompetenzzentrum.de/innovation/blog/was-sind-innovation-labs/*

Lassen Sie uns gedanklich nochmal zum Anfang des Kapitels zurückgehen. Von „digitalen Angeboten" war hier die Rede und auch in der betrieblichen Weiterbildung haben diese eine wachsende Bedeutung. Nicht nur weil Präsenzseminaren in den letzten Monaten eher selten stattfinden konnten. Sondern weil digitale Lernmedien rund um die Uhr zur Verfügung stehen, weil Lernzeiten individuell gestaltet werden können und Lerninhalte dann abgerufen werden können, wenn konkrete Aufgabenstellungen zu lösen sind.

Hinweis:

Technische Kompetenzen in Bezug auf die Nutzung von digitalen Werkzeugen lassen sich sehr gut in Online- bzw. Selbstlernkursen aufbauen und weiterentwickeln. Wir bei DATEV bieten unseren Kunden und Anwendern mit DATEV Lernen online für eine feste monatliche Gebühr den Zugriff auf Lernvideos zu allen Softwarelösungen an. Für die interne Weiterbildung stellen wir Mitarbeitern neben Online- und Präsenzseminaren auch eine externe Lernplattform mit Inhalten u. a. zu Business-Software, Marketing und zur beruflichen Weiterentwicklung (bspw. Projektmanagement, Verkauf und Vertrieb, Zeitmanagement) zur Verfügung. Manchmal helfen aber auch schon kostenlose Youtube-Videos beim Wissensaufbau und Lösen von konkreten Anwendungsproblemen.

Ergänzender Hinweis:

Erkundigen Sie sich außerdem nach Fördermöglichkeiten. In Bayern gibt es beispielsweise einen Bildungsscheck[97], der berufliche Weiterbildungen im Kontext der Digitalisierung fördert (u. a. Digitale Instrumente der Information und Kommunikation, Digitale Anwendungen in der Arbeitswelt, Neue Anforderungen durch die Digitalisierung).

4.4.7 Wie sage ich's der KI

Bei der Darstellung der einzelnen Disziplinen der Digitalisierung hatte ich bereits die sogenannten Future Skills thematisiert (siehe *Kapitel 2.5.6*). Gemeint sind die Fähigkeiten, die es braucht, um sich in einer zunehmend digitalen Arbeitswelt zurechtzufinden. Und dabei Technologie so zu nutzen, dass wir Zeit sparen und dabei bessere Arbeitsergebnisse erzielen. Ein Bereich der Future Skills sind „Technologische Kompetenzen", worunter neben anderen die Fähigkeit fällt, KI-Systeme optimal zu nutzen. Bezogen auf die Interaktion mit generativen Sprachmodulen wie ChatGPT spricht man von Prompt Engineering, was nichts anderes ist als „die Beschreibung der Aufgabe, die von der KI erledigt werden soll, in das Eingabe-Feld zu schreiben"[98].

---

97 *www.stmas.bayern.de/imperia/md/content/stmas/stmas_inet/arbeit/rz_bsoz202-079_flyer_bbs_bf_final-ua.pdf*

98 *de.wikipedia.org/wiki/Prompt_Engineering*

Um ChatGPT für meinen Arbeitsalltag zu nutzen, habe ich diverse Informationsquellen im Internet und auf YouTube gesichtet. Mittlerweile gibt es auch eine ganze Reihe von Seminarangeboten, so zum Beispiel auch von Mittelstand-Digital[99], einer Initiative des Bundesministeriums für Wirtschaft und Klima (BmWK). Ergänzend gibt es regionale Zentren[100], die neben zahlreichen Beratungs- und Informationsangeboten auch kostenlose Weiterbildungsmöglichkeiten anbieten. Ich hatte die Gelegenheit an dem Seminar „Entdeckt die Welt des Prompten und der KI Tools!", das sich an Mitarbeiter und Entscheider von kleinen und mittelständischen Unternehmen (KMU) richtet, teilzunehmen. Ziel der Fortbildung ist, ein Bewusstsein für die Möglichkeiten von KI-Tools zu vermitteln und Ideenanreize für den Einsatz im eigenen Unternehmen zu geben. Das Seminar fand an der Hochschule Ansbach statt und wurde von zwei Doktoranden des AN[ki]T[101] geleitet. Gleich zum Einstieg wurde herausgestellt, dass KI nicht mehr als ein weiteres Tool ist, das uns zuarbeitet. Generative Sprachmodelle recherchieren nicht, sondern generieren Antworten auf Basis von Wahrscheinlichkeiten. Die ausgegebenen Resultate sollten daher grundsätzlich gegen gecheckt werden. Die Qualität der Ergebnisse hängt im Wesentlichen davon ab, wie gut der Input ist. Zum einen wird empfohlen, in dem Prompt seine Persona mitzugeben, sprich welche Aufgabe oder Rolle man begleitet. Um das nicht bei jeder Anfrage tun zu müssen, kann man in ChatGPT dies auch standardmäßig in „Custom instructions" hinterlegen. Zu anderen ist wichtig, welche Form das Ergebnis haben soll und für wen das Ergebnis bestimmt ist. Wir haben uns im weiteren Verlauf noch weitere Prompt-Techniken angeschaut, wie z. B. Directional

---

99 *www.mittelstand-digital.de/MD/Navigation/DE/Home/home.html*

100 *www.mittelstand-digital.de/MD/Navigation/DE/Praxis/Kompetenzzentren/kompetenzzentren.html*

101 *ankit.hs-ansbach.de*

Stimulus Prompting oder Prompt Chaining. In dem Prompt Engineering Guide[102] findet man insgesamt 16 verschiedene Prompt-Techniken, die dabei helfen optimale Resultate zu erzielen. Neben ChatGPT wurden mit Unriddle AI, Adobe Firefly oder Stable Diffusion weitere KI-Werkzeuge vorgestellt, mit denen man beispielsweise PDFs analysieren oder Bilder generieren kann.

Bei der Veranstaltung bin ich mit einer Teilnehmerin ins Gespräch gekommen, die bereits erste Erfahrungen im Arbeitsalltag sammeln konnte. Sie ist für ein Handwerksunternehmen aus dem Bereich Bad und Sanitär tätig und arbeitet als Assistenz für die Bauleitung und das Marketing. Seit Beginn ihrer Tätigkeit nutzt sie die kostenfreie Version ChatGPT 3.5 für die Erstellung von Texten für die interne und die externe Korrespondenz. Darüber hinaus lässt sie sich bei der Gestaltung von Social-Media-Beiträgen unterstützen.

Zusammenfassend nennt sie folgende Vorteile für sich und ihren Aufgabenbereich:

- Deutliche Zeitersparnis bei der Erstellung von Texten.
- Höhere Qualität der Texte in Bezug auf Formulierung und Grammatik.
- Schnellere Einarbeitung in ihr Aufgabenspektrum und bessere Integration.

Bei unserer Unterhaltung konkretisiert sie den Aspekt der Integration und berichtet, dass sie noch nicht lange in Deutschland sei, aus der Ukraine stammt und Deutsch nicht als Muttersprache gelernt hat. ChatGPT hilft dabei, die Qualität der Texte in Bezug auf korrekte Rechtschreibung und

---

[102] *www.promptingguide.ai/de/techniques/consistency*

Grammatik sicherzustellen. Das Beispiel verdeutlicht, dass Technologie einen wichtigen Beitrag zum Gelingen der Eingliederung von ausländischen Fachkräften leisten kann.

Hinweis:

In den nächsten Monaten und Jahren werden wir, so die Prognosen, weitere signifikante Fortschritte bei Anwendungen der Künstlichen Intelligenz erleben. Fangen Sie daher am besten sofort an, sich mit ChatGPT und anderen KI-Lösungen vertraut zu machen. Nutzen Sie hierfür Fachliteratur, Seminarangebote oder kurze, kostenlose Tutorials, beispielsweise auf Youtube. Und ähnlich wie beim Erlernen einer neuen Sportart gilt es dann am Ball zu bleiben und weiter zu trainieren.

4.4.8 Learn-how – über das Lernen in digitalen Zeiten

Neue Technologien oder Herangehensweisen an bestimmte Themenfelder kennenlernen, sich mit interessanten Menschen aus dem eigenen Haus, aber auch mit Externen wie Kunden oder anderen Beratern vernetzen und mit- und voneinander zu lernen. Das sind für mich wesentliche Motivatoren an einem DATEV-DigiCamp – einer interaktiven Veranstaltung für Mitarbeiterinnen und Mitarbeiter der DATEV, Kunden, Partner und die interessierte Öffentlichkeit – teilzunehmen. Bei der letzten Veranstaltung hatte mein Interesse eine Session zu LernOS geweckt, eine Methode zum selbstgesteuerten Lernen (weitere Informationen finden Sie in einem rund 18 Minuten langen Video unter *www.youtube.com/*

watch?v=JoTjZOK8L2g). Apropos interessante Menschen: In der Session habe ich eine Teilnehmerin kennengelernt, die eigene Lernerfahrungen mit LernOS gesammelt hat und gleichzeitig als Digitalisierungs-Managerin in einer Steuerberatungs- und Wirtschaftsprüfungskanzlei in Düsseldorf tätig ist. Ihre Aufgabe besteht im Wesentlichen darin, dass es „in der Kanzlei digital nach vorne geht." Eine Zielsetzung, die viele Unternehmen verfolgen, aber immer wieder an den Herausforderungen des Tagesgeschäfts scheitern.

Mein Interesse war geweckt und nach einer Vernetzung via LinkedIn haben wir uns dann für einen Online-Termin verabredet. Sie berichtet von LernOS und einer Lernreise zu dem Themenkomplex „Produktivität & Stressfreiheit", bei der sie sich gemeinsam mit Teilnehmern aus anderen Unternehmen die Methode „Getting Things Done" (GTD)[103] über einen Zeitraum von zwölf Wochen erarbeitet hat. Ohnehin schätzt sie die Impulse von „Menschen aus der erweiterten Bubble" – außerhalb des eigenen Arbeitsumfelds - um neue Perspektiven und Sichtweisen kennen zu lernen. Sie selbst präferiert selbstbestimmtes Lernen, betont jedoch die Unterschiede beim Lernverhalten und dass die Lernmethode zu dem jeweiligen Lerntyp passen muss. Bereits beim On-Boarding von neuen Mitarbeitern in der Kanzlei erfolgt daher zunächst mittels Fragebogen und Interview eine Bestandsaufnahme zu den digitalen Kenntnissen und eine Bestimmung des individuellen Lerntyps. Darüber hinaus lassen sich Fähigkeiten und Präferenzen ermitteln, um die jeweiligen Mitarbeiter bestmöglich einzusetzen. Die nachfolgenden Lern- und Wissensangebote bieten für jeden Lerntypen die Möglichkeit, ihre digitalen Kompetenzen weiterzuentwickeln:

---

[103] *cogneon.github.io/lernos-for-you/de/2-1-1-Kata-1/*

- Möglichkeiten zum digitalen Lernen (u. a. DATEV Lernen online, DATEV Service-Videos, fachbezogene Videos auf Youtube).
- Freiwillige Teilnahme an dem Format „Digital-Café", in dem zwei Mal pro Woche für eine Stunde u. a. Fragen zum Handling von digitalen Tools (z. B. Nutzung von MS-Teams, Onenote) besprochen werden und Interesse an Zukunftsthemen geweckt werden soll.
- Durchführung eines Kanzlei-Digi-Camps (analog zum DATEV-Format) mit Einbindung von internen und externen Vorträgen zu ausgewählten Themen.
- Nutzung eines Kanzlei-Wikis, in dem fach- und kanzleispezifisches Wissen verfügbar und unter Beteiligung aller Mitarbeiter weiterentwickelt wird.

Traditionelle Formate in Form des Frontalunterrichts gehören in der Kanzlei der Vergangenheit an. Digitale Lernmedien ermöglichen es, Dinge dann zu erlernen, wenn man sie benötigt. Einzelne Sequenzen können angehalten, bei Bedarf mehrfach wiederholt werden und ermöglichen so ein individuelles Lerntempo. Um jeden Kanzleimitarbeiter mitzunehmen, basieren die Lernangebote auf Freiwilligkeit und der Möglichkeit sich auch aktiv selbst einzubringen. Damit das neu Erlernte auch in die Praxis umgesetzt werden kann, werden freie Kapazitäten für Trainingszeiten geschaffen. Ohnehin hat man die Erfahrung gemacht, dass die sogenannte 72-Stunden-Regel – also die Zeitspanne bis zur Umsetzung eines Vorhabens – unbedingt eingehalten werden sollte. Ansonsten verpufft jegliches zeitliche und finanzielle Investment.

Hinweis:

Machen Sie sich Gedanken, welches Wissen und welche Kompetenzen Sie zukünftig bei sich und ihren Mitarbeitern benötigen. Berücksichtigen Sie dabei ihre Unternehmensstrategie – sprich wohin es mit Ihrem Unternehmen gehen soll – und Ihr zukünftiges Produkt- und Dienstleistungsangebot. Anregungen finden Sie beispielsweise bei der „Initiative Neue Qualität der Arbeit (INQA)", die einen Check für einen systematischen Umgang mit den Themen Wissen und Kompetenz zur Verfügung stellt (INQA-Check „Wissen & Kompetenz"[104]). Über das „INQA-Coaching" haben Sie zudem die Möglichkeit, eine geförderte Beratung hierzu in Anspruch zu nehmen. Weitere Informationen zum Förderprogramm finden Sie auch in *Kapitel 5.2*.

[104] *www.inqa.de/DE/angebote/inqa-checks/inqa-check-wissen-kompetenz.html*

5 Wie gelingt die Umsetzung in Ihrem Unternehmen?

5.1 Zum Einstieg

Sie haben für sich und Ihr Unternehmen die Notwendigkeit für Veränderungen festgestellt und bereits mit Hilfe unseres Vorgehensmodells die ersten Potenziale zur Weiterentwicklung identifiziert. Nun gilt es, sich mit der Frage auseinander zu setzen, wie Sie diese auch verwirklicht bekommen. Was Sie dazu brauchen sind finanzielle Mittel bzw. Ressourcen. Fast noch wichtiger sind aber die personellen Ressourcen. Damit gemeint sind einerseits Ihre eigenen Kapazitäten und die Ihrer Mitarbeiter. Andererseits empfehle ich Ihnen auch externe Hilfe in Anspruch zu nehmen. Im ersten Schritt sollten Sie sich zunächst an die jeweilige Berufskammer, an Branchenverbände oder an Berufsinnungen wenden. Hier gibt es häufig kostenlose Beratungs- und Unterstützungsangebote. Außerdem erhalten Sie hier Hilfe bei der Auswahl eines externen Beraters, der Sie bei der Umsetzung Ihrer Vorhaben unterstützt, wie beispielsweise Unternehmensberater, Steuerberater oder IT-Berater. Sie helfen Ihnen dabei, über den eigenen Tellerrand zu blicken und verfügen auch über Erfahrungen im Projektmanagement und können auf die Expertise, die sie aus vergleichbaren Projekten gewonnen haben, zurückgreifen. Außerdem wissen sie im Regelfall auch, ob und wie man Fördermöglichkeiten für die Umsetzung der geplanten Vorhaben in Anspruch nehmen kann. Beachten Sie, dass jedes Unternehmen seine Besonderheiten hat und die externen Helfer nicht unbedingt Schlüsselfertiges liefern können und teilweise die Rolle eines Hausarztes einnehmen. Die Rolle des externen Beraters ist eher die eines zentralen Ansprechpartners. Ähnlich wie in der Medizin werden „gute Berater" wissen was sie selbst können und wann es Zeit ist, einen Spezialisten hinzuzuziehen.

Ergänzend sollten Sie auch Ihr berufliches Netzwerk, bestehend aus Kunden, Lieferanten und anderen Geschäftspartnern nutzen, um von deren Erfahrungen rund um die Digitalisierung zu profitieren.

Hinweis:

Binden Sie frühzeitig Ihren Steuerberater ein, wenn Sie konkrete Maßnahmen planen. Wie Sie bei einigen der dargestellten Best-Practice-Beispiele gesehen haben, stehen „digitale Projekte" häufig im Zusammenhang mit der Erfüllung der steuerlichen Pflichten. Ihr Steuerberater zeigt Ihnen hier Lösungswege auf und reduziert so Ihr unternehmerisches Risiko. Außerdem berät er, wie bereits erwähnt, häufig Unternehmen der gleichen Branche und kann so auch zu einem wichtigen Impuls- und Ideengeber für Sie werden.

5.2 Welche Fördermöglichkeiten gibt es?

Die Digitalisierung als solche, sowie deren Auswirkungen auf die Arbeitswelt, haben eine hohe Bedeutung und werden daher auch von staatlicher Seite gezielt gefördert. Dies gilt auch für die Stärkung des Mittelstands als tragende Säule unserer Wirtschaft in Deutschland. Von Bund, einzelnen Bundesländern und auch der EU werden daher Förderprogramme angeboten.

Die Förderung erfolgt im Wesentlichen über Zuschüsse, beispielsweise für in Anspruch genommene Beratungsleistungen oder die Anschaffung von Hard- und Software, sowie in Form von zinsvergünstigten Darlehen. Einen kompletten Überblick zu geben, würde den Rahmen dieses Buches sprengen. Zumal das Medium Buch den Nachteil hat, dass es nicht dynamisch ist – sprich nach dem Drucktermin könnten schon wieder neue Programme aufgelegt sein.

Einen Gesamtüberblick über Förderprogramme für Digitalisierungsvorhaben finden Sie auf der Internetseite der Bundesnetzagentur.[105]

Einen detaillierten, tagesaktuellen Überblick, auch zu über die Digitalisierung hinausgehenden Fördermöglichkeiten, finden Sie unter *www.foerderdatenbank.de*. Über eine Suche können Sie auf Ihre individuellen Rahmenbedingungen zugeschnittene, relevante Förderprogramme identifizieren. Zu allen gelisteten Förderprogrammen gibt es dann weiterführende Informationen über eine „Kurzzusammenfassung". Unter der Rubrik „Zusatzinfos" können Sie prüfen, ob die Voraussetzungen für eine Inanspruchnahme gegeben sind. Außerdem werden Kontaktdaten zur Verfügung gestellt, um eventuelle Rückfragen telefonisch oder schriftlich zu klären. Exemplarisch möchte ich Ihnen drei Förderprogramme auf Bundesebene vorstellen, die einen engen Bezug zur Digitalisierung haben:

---

[105] *www.bundesnetzagentur.de/DE/Fachthemen/Digitalisierung/Mittelstand/foerderprogramme2023/start.html*

go-digital

Das Programm „go-digital" wurde im Juli 2017 ins Leben gerufen und soll, so die damalige Bundeswirtschaftsministerin Brigitte Zypries, kleinen und mittleren Unternehmen helfen, mit Unterstützung von externen Beratern „mit den technologischen und gesellschaftlichen Entwicklungen im Online-Handel, bei der Digitalisierung des Geschäftsalltags und dem steigenden Sicherheitsbedarf bei der digitalen Vernetzung Schritt halten zu können". Die aktuelle Förderrichtlinie gilt bis Ende 2024. Auf der Webseite von „go-digital"[106] finden Sie eine Übersicht mit autorisierten Beratern bzw. Beratungsunternehmen, die sich beim Bundesministerium für Wirtschaft und Energie (BMWi) haben autorisieren lassen. Voraussetzung hierfür sind u. a. eine nachgewiesene fachliche Expertise, die Gewähr einer wettbewerbsneutralen Beratung und der Bezug zu kleinbetrieblichen Beratungsklientel.[107] Die externen Berater übernehmen für die Unternehmen die Antragstellung und die komplette Durchführung des Förderprojektes, das aus der Erstberatung und Analyse sowie der Umsetzung konkreter Maßnahmen besteht. Der Fördersatz beträgt 50 Prozent auf einen maximalen Beratertagesatz von 1.100 Euro und der maximale Förderumfang beträgt 30 Tage in einem Zeitraum von einem halben Jahr.[108]

---

[106] *www.bmwk.de/Redaktion/DE/Artikel/Digitale-Welt/foerderprogramm-go-digital.html*

[107] *www.innovation-beratung-foerderung.de/INNO/Navigation/DE/Karten/Beratersuche-go-digital/SiteGlobals/Forms/Formulare/beratersuche-go-digital-formular.html*, letzter Zugriff 22.01.2024

[108] *www.bmwk.de/Redaktion/DE/Artikel/Digitale-Welt/foerderprogramm-go-digital.html*, letzter Zugriff 22.01.2024

- **BAFA Förderung Unternehmensberatung für KMU**

  Das Förderprogramm des Bundesamt für Wirtschaft und Ausfuhrkontrolle (BAFA) wird durch das Bundesministerium für Wirtschaft und Klimaschutz und den Europäischen Sozialfonds Plus gefördert und verfolgt das Ziel, „die Erfolgsaussichten, die Leistungs- und Wettbewerbsfähigkeit sowie die Beschäftigungs- und Anpassungsfähigkeit von kleinen und mittleren Unternehmen zu stärken“[109]. Das Programm wurde Ende 2022 verlängert und läuft nach aktuellem Stand bis Ende 2026. Das Beratungsspektrum geht über wirtschaftliche, finanzielle, personelle und organisatorische Fragen der Unternehmensführung. Der Fördersatz beträgt 50 Prozent der maximal förderfähigen Beratungskosten in Höhe von 3.500 Euro, in einzelnen Regionen auch 80 Prozent. Vereinzelt haben sich Steuerberatungskanzleien bei der BAFA als Berater akkreditieren lassen und nutzen Fördermittel u. a. für die Digitalisierungs-/Prozessberatung und die Erstellung von Verfahrensdokumentationen.

- **INQA-Coaching (ehemals unternehmensWert:Mensch)**

  Das Programm „INQA-Coaching“ wird finanziert mit Mitteln des Europäischen Sozialfonds (ESF) und des Bundesministeriums für Arbeit und Soziales (BMAS) und steht nach derzeitigem Stand bis Ende 2027 zur Verfügung. Es richtet sich vor allem an kleine und mittlere Unternehmen (KMU) bis 250 Mitarbeiter und hilft dabei „passgenaue

---

[109] *www.bafa.de/DE/Wirtschaft/Beratung_Finanzierung/Unternehmensberatung/unternehmensberatung_node.html*

Lösungen für die personalpolitischen und arbeitsorganisatorischen Veränderungsbedarfe im Zusammenhang mit der digitalen Transformation zu finden"[110].

Im ersten Schritt erfolgt eine kostenlose Erstberatung – die INQA-Beratungsstellen finden Sie unter *www.inqa.de/DE/angebote/inqa-coaching/inqa-coaching-karte/uebersicht.html* – in der die Förderfähigkeit und der Veränderungsbedarf ermittelt werden. Im Anschluss erhalten Sie im positiven Falle einen INQA-Coaching-Scheck für eine weiterführende Beratung vor Ort in Ihrem Unternehmen, die von einem autorisierten „INQA-Coach" durchgeführt wird. Gefördert werden bis zu 12 Beratertagen innerhalb von 7 Monaten mit einem Zuschuss bis zu 80 Prozent. Drei bis sechs Monate nach Abschluss der Beratung erfolgt gemeinsam mit der INQA-Beratungsstelle nochmal ein Rückblick und eine Bewertung der herbeigeführten Veränderungen. Außerdem werden weiterführende Unterstützungsangebote besprochen.

Neben den beiden vorgestellten Förderprogrammen gibt es außerdem noch zahlreiche weitere Möglichkeiten, die eine erfolgreiche Umsetzung Ihrer Ideen und Potenziale ermöglichen. In Bayern wird beispielsweise mit dem digital bonus – weitere Informationen finden Sie unter *www.digitalbonus.bayern* – auch die Anschaffung von Hard- und Software bezuschusst.

---

[110] *www.inqa.de/DE/angebote/inqa-coaching/uebersicht.html*

5.3 Was sollten Sie außerdem beherzigen?

Sie haben sich mit den bis jetzt dargestellten Schritten eine gute Ausgangsposition geschaffen, um Ihr Unternehmen im digitalen Zeitalter zukunftsfähig aufzustellen und können sich bereits vorstellen, wie die geplanten Maßnahmen ihre volle Wirkung entfalten.

Ich möchte Ihnen abschließend noch einige Tipps mit auf den Weg geben, die zum Gelingen beitragen:

- **Kleiner Aufwand – große Wirkung**

  Berücksichtigen Sie bei der Auswahl Ihrer Maßnahmen, wie Sie schnell mit einem möglichst geringen Aufwand zu Ergebnissen kommen. Mit diesen sogenannten „Quick wins" erzielen Sie nicht nur schnell eine positive Wirkung. Vielmehr sammeln Sie erste Erfolgserlebnisse, die Ihnen dann auch die Kraft geben, die komplexeren Vorhaben anzugehen.

- **Nehmen Sie sich nicht zu viel vor**

  Die Wahrscheinlichkeit, dass Sie alle ermittelten Potenziale zeitnah zur Umsetzung bringen ist eher gering. Schließlich gilt es das Tagesgeschäft auch noch zu bewältigen. Denken Sie aber auch daran, sich und Ihre Mitarbeiter nicht zu überfordern. Zu viele Neuerungen können das Betriebsklima negativ beeinflussen.

- **Es muss nicht immer alles perfekt sein**

  Eine der Grundmaximen im digitalen Zeitalter ist die sogenannte Agilität. Das bedeutet, Dinge schnell zur Umsetzung zu bringen. Schnelligkeit schlägt Schönheit und „nur wer mehr ausprobiert, wird mehr Erfolg haben".[111] Und wenn Sie neue Produkte und Services entwickeln möchten: Trauen Sie sich auch mal mit einem halbfertigen Produkt oder einer Idee zum potenziellen Kunden zu gehen. Sie erhalten Sie so unmittelbares Feedback und vermeiden, dass Sie am „Markt vorbei entwickeln."

- **Prozessverbesserungen „first"**

  Zeit ist häufig der entscheidende Engpassfaktor, wenn es um die Weiterentwicklung Ihres Unternehmens geht. Bei der Bewertung Ihrer Potenzialsammlung sollten Sie daher idealerweise Maßnahmen auf den Weg bringen, die Ihnen helfen schneller zu werden. Und Ihnen damit vor allem die nötigen Freiräume geben, um Ihr Unternehmen auch an anderer Stelle weiter zu entwickeln.

- **Freiräume für Produkt- und Serviceerweiterungen nutzen**

  Die ersten Prozessverbesserungen wirken und Sie können endlich mal wieder durchatmen. Nutzen Sie die Freiräume, um sich mit den (zukünftigen) Anforderungen Ihrer Kunden auseinander zu setzen. Neue Produkte und Service-Angebote zu entwickeln und an der Strategie und dem Geschäftsmodell zu "feilen". Nicht im, sondern am Unternehmen arbeiten. Am besten Sie reservieren sich zukünftig einen festen Block in der Woche, um genau an solchen Themen zu arbeiten.

Und wozu machen Sie das Ganze? Nicht wegen der Digitalisierung per se, sondern damit Ihr Unternehmen auch im Zeitalter der Digitalisierung erfolgreich bleibt! Sie ein attraktives Unternehmen bleiben, für Kunden und für Mitarbeiter. Und nicht zu vergessen – Sie sich jeden Tag freuen, wieder in Ihr Unternehmen zu kommen!

---

[111] Hentrich, Pachmajer: d.quarks – Der Weg zum digitalen Unternehmen, S. 48

6 Welches Fazit können wir ziehen und wie geht's weiter?

Geschafft! Sie sind fast am Ende des Buches angekommen. Wir wollen deshalb zurückschauen und uns die wesentlichen Ergebnisse nochmal bewusstmachen.

Am Anfang haben wir uns zunächst allgemein mit der Digitalisierung beschäftigt und dabei festgestellt, dass **Digitalisierung mehr** ist **als** nur **Informationstechnik**. Sie wirkt auf Geschäftsmodelle, Arbeitsabläufe, Kunden und auch Mitarbeiter. Und das mit einem nie dagewesenen **Tempo**. Auch **kleine Unternehmen** sind von der Digitalisierung **betroffen, nutzen** aber die sich bietenden **Möglichkeiten** häufig **nur zu einem Bruchteil** aus. Ich empfehle Ihnen daher folgende Schritte:

- „Verlassen" Sie Ihr Tagesgeschäft und begeben sich in die Helikopterperspektive, um Ihr Marktumfeld und Ihr Unternehmen zu analysieren.
- Identifizieren Sie Verbesserungspotenziale und digitale Werkzeuge – binden Sie hierzu Ihre Mitarbeiter ein.
- Investieren Sie Zeit und Geld – nutzen Sie dabei Fördermöglichkeiten.
- Qualifizieren Sie sich und Ihr Personal in Sachen digitale Kompetenz.
- Lassen Sie sich beraten.

Und vor allem: Legen Sie los! Jetzt gilt es, nicht mehr nur über die Digitalisierung zu philosophieren, sondern auch zu handeln. Sofort. Nicht nur Chancen zu sehen, sondern sie auch zu ergreifen. Die Möglichkeiten der Digitalisierung zu nutzen, um

- schneller zu werden und unsere Prozesse zu verbessern,
- mit zusätzlichen Services bestehende Kunden zu binden und Neue zu gewinnen,
- sich – auch mit Hilfe digitaler Kanäle – als attraktiver Arbeitgeber zu positionieren,
- und Ihre Strategie und Ihr Geschäftsmodell neu zu justieren.

Motivation und Antrieb kommen vor allem aus einem einzigen Grund:

Der Sicherstellung des wirtschaftlichen Erfolgs – in zwei, in drei und auch noch in fünf Jahren.

Mit zufriedenen Kunden, zufriedenen Mitarbeitern und einem zufriedenen Firmeninhaber. Auch im Zeitalter der Digitalisierung.

DATEV
Digitalisierung von
Geschäftsprozessen
im Rechnungswesen